林虑山植物资源调查

田　丽　王景顺　张树林　主编

黄河水利出版社

·郑州·

图书在版编目（CIP）数据

林虑山植物资源调查 / 田丽，王景顺，张树林主编
. — 郑州：黄河水利出版社，2023.6
ISBN 978 – 7 – 5509 – 3678 – 2

Ⅰ. ①林… Ⅱ. ①田… ②王… ③张… Ⅲ. ①野生植
物 – 植物资源 – 资源调查 – 林州市 Ⅳ. ① Q948.526.14

中国国家版本馆 CIP 数据核字（2023）第 150799 号

责任编辑 景泽龙　　　　　　责任校对 杨秀英
封面设计 李思璇　　　　　　责任监制 常红昕
出版发行 黄河水利出版社
　　　　　地址：河南省郑州市顺河路 49 号　邮政编码：450003
　　　　　网址：www.yrcp.com　E-mail：hhslcbs@126.com
承印单位 河南匠心印刷有限公司
开　　本 787 mm × 1 092 mm　1/16
印　　张 16.5
字　　数 380 千字
版次印次 2023 年 6 月第 1 版　　2023 年 6 月第 1 次印刷

定　　价 128.00 元

《林虑山植物资源调查》
编写人员名单

主　　编	田　丽　　王景顺　　张树林
副 主 编	张坤朋　　吴秋芳　　何玲敏
编写人员	郭玉生　　贾文庆　　郭天亮　　王永周
	刘　波　　王　鹏　　杨　鹏　　呼艳波
	张　勇　　张元臣　　刘文博　　王合现
	李红玉　　王风臣

前　言

　　林虑山，古名隆虑山，东汉延平元年（公元 106 年）避汉殇帝刘隆名讳而改名至今。

　　林虑山位于河南、河北、山西三省交界地带的太行山南段东侧，河南省林州市境内，位于东经 113°37′～114°04′，北纬 36°02′～36°14′，西依山西省，北临河北省，南至天平山。总面积为 133.02 km²。

　　我国的锦绣河山素有"南秀北雄"之称，而林虑山正是"北雄"风光的典型代表。高峰突兀，姿态万千，重岩叠嶂，挺拔雄壮，云梯、栈道、洞穴奇秀而险要，具有"雄、奇、险、绝、秀"之特点。旧志曰："青崖如点黛，赤壁若朝霞，树翳文禽，潭泓绿水，景物奇秀，为世所称。"这里的水，有溪，有潭，有池，有泉，有瀑布，加之水库、渠、塘、涧，飞瀑银泉，遍布沟谷，山光水影，妖艳多姿，一派北国江南景色。复杂多变、沟壑纵横的地形地势，拔地而起的垂直海拔，丰富的水文资源类型，孕育蕴含了茂密的森林，复杂多变的植被类型和植物种类，春季百花盛开，竞相争艳；夏季遍野青翠，鸟语花香；秋季红叶满山，层林尽染；冬季银装素裹，玉柱冰山。珍稀植物太行菊、太行花、独根草高居百丈悬崖绝壁之上，千年银杏树、古橡树、古板栗等古树名木珍贵罕见，党参、黄芪、连翘等名贵中药随处可见，更有三九严寒桃花开、三伏酷暑水结冰等神奇异景引人入胜。

　　为了更好地保护、利用、开发林虑山植物资源，在红旗渠·林虑山风景区管委会的组织和支持下，2021 年 8 月组成了由安阳工学院、河南科技学院、安阳市林业局、安阳市应急管理局、安阳市园林研究所、安阳市野生动植物保护站等组成的调查工作组，开展了对景区全面的植物资源研究调查，结合调查成员数十年资源调查的资料积累，形成本资料文本。

　　本书正文共分为五部分。第一章是林虑山植物名录，共收集植物 137 科 1 284 种。该名录按蕨类植物、裸子植物、被子植物（双子叶植物、单子叶植物）排列，科的顺序蕨类植物按秦仁昌系统、裸子植物按郑万钧系统、被子植物按恩格勒系统排列。植物名称为植物中文正名、植物拉丁学名（含命名人）、分布的具体地点和生境等。第二章为林虑山分布的野生资源植物名录，按照植物的主要用途将经济资源植物分列为淀粉植物、芳香植物、药用植物、油料植物、纤维植物、饲料及牧草植物、园林绿化观赏植物、蜜源植物、用材植物、农药植物、染料植物、鞣料植物、野菜植物、野生果品、重要的农作物和特殊经济材料种质资源植物等 15 类。第三章为林虑山珍稀濒危重点保护植物，对已发现的被列入国家珍稀濒危保护植物名录、国家重点保护野生植物名录、河南省重点保护野生植物名录的植物 40 种（含 7 种常见栽培种）逐一将其中文正名、别名、科名、保护等级、分布的具体位置、生境、识别特征进行介绍。第四章为林虑山古树名木，共计 98 株及古树群 1 个。古树名木是历史的记载和见证，也是文明文化的象征，极具保护价值。书中介绍了每株古树的名称、分布地点、树龄、照片等。第五章为林虑山野生植物资源保护与利用，阐述了资源保护的重要性和必要性、保护利用中存在的问题、下一步需要重点开展的保护内容。

由于编者水平有限，书中难免有疏漏和错误之处，欢迎各位读者批评指正。

作　者

2022 年 12 月

目 录

第一章 林虑山植物名录

据调查统计，林虑山风景区共有维管植物 1 284 种，其中蕨类植物 72 种，种子植物 1 212 种。种子植物中裸子植物 6 种，被子植物 1 206 种（双子叶植物 962 种、单子叶植物 244 种）。种类较多的科有：忍冬科 25 种，石竹科 27 种，菊科 117 种，十字花科 27 种，唇形科 42 种，豆科 78 种，蓼科 34 种，毛茛科 40 种，蔷薇科 74 种，玄参科 22 种，伞形科 24 种，莎草科 36 种，禾本科 80 种，百合科 67 种。

第一节 蕨类植物

（一）铁线蕨科 Adiantaceae

1. 团羽铁线蕨 *Adiantum capillus-junonis* Rupr.

天平山。潮湿石灰岩缝上，海拔约 900 m。

2. 铁线蕨 *Adiantum capillus-veneris* L.

有分布。生于溪边、潮湿石壁上。

3. 普通铁线蕨（爱氏铁线蕨）*Adiantum edgeworthii* Hook.

有分布。林下湿地或岩石上。

4. 掌叶铁线蕨 *Adiantum pedatum* L.

有分布。林下沟边。

5. 白背铁线蕨 *Adiantum davidii* Franch.

冰冰背。阴湿岩石上。

（二）铁角蕨科 Aspleniaceae

1. 虎尾铁角蕨 *Asplenium incisum* Thunb.

天平山。海拔 600 m 以上林下潮湿岩石缝中。

2. 北京铁角蕨 *Asplenium pekinense* Hance

洪谷山、天平山、王相岩、桃花谷。路边石壁、山坡林下。海拔 400 ～ 1 300 m。

3. 华中铁角蕨 *Asplenium sarelii* Hook.

石板岩益伏口。山坡林下潮湿岩壁或石缝中。海拔约 1 000 m。

4. 铁角蕨 *Asplenium trichomanes* L.

有分布。非石灰岩地区林下及山谷石上。

5. 过山蕨 *Camptosorus sibiricus* Rupr.

天平山，山坡林下、山顶草地。

（三）蹄盖蕨科 Athyriaceae

1. 麦秆蹄盖蕨 *Athyrium fallaciosum* Milde

有分布。海拔 1 000 m 以上的林下或阴湿的岩石上。

2. 日本蹄盖蕨（华东蹄盖蕨）*Athyrium niponicm* （Mett.） Hance

石板岩大垴、益伏口、太行平湖。山沟或林下湿地、林下或岩石阴处或田边。

3. 中华蹄盖蕨 *Athyrium sinense* Rupr.

有分布。杂木林下、林下阴湿地方。

4. 东北蛾眉蕨（东北对囊蕨、贯众）*Lunathyrium pycnosorum* （H. Christ） Koidz.

有分布。山谷林下或灌木丛中。海拔 1 000 m 以上。

5. 河北对囊蕨 *Lunathyrium vegetius* （Kitagawa） Ching

有分布。山谷林下阴湿处、溪沟边或灌木丛中。

6. 羽节蕨 *Gymnocarpium jessoense* （Koidz.） Koidz.

冰冰背、太极冰山。阴湿地方，海拔 1 000 m 以上。

（四）阴地蕨科 Botrychiaceae

1. 扇羽阴地蕨 *Botiychium lunaria* （L.） Sw.

有分布。阴坡或林下。

（五）姬蕨科 Dennstaedtiaceae

1. 溪洞碗蕨 *Dennstaedtia wilfordii* （T. Moore） H. Christ

石板岩龙床沟、三亩地。林下或阴湿岩缝中。海拔 800 ～ 1 200 m。

（六）鳞毛蕨科 Dryopteridaceae

1. 贯众 *Cyrtomium fortune* J.Sm.

石板岩仙霞谷、王相岩、大垴。路边林下潮湿石缝中。山沟石壁上、山坡林下。海拔 500 ～ 1 300 m。

2. 两色鳞毛蕨 *Dryopteris setosa* （Thunb.） Akasawa

有分布。山谷林下、路边、石隙或溪边。

3. 华北鳞毛蕨（美丽鳞毛蕨）*Dryopteris goeringian* （Kunze） Koidz.

有分布。林下或沟谷灌丛中。

4. 辽东鳞毛蕨 *Dryopteris peninsulae* Kitag.

山坡林下。

5. 粗茎鳞毛蕨 *Dryopteris crassirhizoma* Nakai

有分布。生于山坡林下。

6. 中华鳞毛蕨 *Dryopteris chinensis* （Bak.） Koidz.

生于林下。

7. 鞭叶耳蕨 *Polystichum craspedosorum* （Maxim.） Diels

洪谷山、石板岩东安村。石灰岩地区，生于阴面干燥的石灰岩上。海拔 600 ～ 1 100 m。

8. 亮叶耳蕨 *Polystichum lanceolatum* Baker

有分布。阴湿林下或岩壁上。

9. 革叶耳蕨（新裂耳蕨）*Polystichum neolobatum* Nakai

有分布。海拔 1 000 m 以上的山谷林下阴湿处。

10. 三叉耳蕨（三叶耳蕨）*Polystichum tripteron* （Kunze） C. Presl

有分布。林下阴湿处。

（七）木贼科 Equisetaceae

1. 问荆（节节草）*Equisetum arvense* L.

太行平湖。河滩及疏阴处水沟旁。

2. 木贼（节节草、笔头草）*Equisetum hyemale* L.

有分布。疏林下、河边沙地或山坡草丛中。

3. 草问荆（节节草）*Equisetum pretense* Ehrh

有分布。田边、沟边。

4. 节节草 *Equisetum ramosissimum* Desf.

石板岩南寺村、桃花谷、仙霞谷。水边、路边林下、山沟。海拔 500 ～ 1 200 m。

（八）裸子蕨科 Hemionitidaceae

1. 耳叶金毛裸蕨 *Gymnopteris bipinnata* H. Christ var. *auriculata* （Franch.） Ching

有分布。阴湿岩石上。

（九）肿足蕨科 Hypodematiaceae

1. 修株肿足蕨 *Hypodematium gracile* Ching

石板岩贤马沟。干旱石灰岩缝中。海拔 500 ～ 1 000 m。

2. 肿足蕨 *Hypodematium crenatum* （Forssk.） Kuhn

石板岩东湾村。干旱石灰岩缝中。海拔 500 ～ 1 000 m。

（十）石松科 Lycopodiaceae

1. 石松（伸筋草、石松子）*Lycopodium clavatum* L.

有分布。林下、沟边阴湿地。

（十一）蘋科 Marsileaceae

1. 蘋（四瓣草、田字草、破铜钱）*Marsilea quadrifolia* L.

黄华镇稻地沟。有分布。池塘或水沟中。

（十二）球子蕨科 Onocleaceae

1. 中华荚果蕨 *Matteuccia intermedia* C.Christ

有分布。树下或山谷阴湿处。

2. 荚果蕨（黄瓜香）*Matteuccia struthiopteris* （L.） Tod.

有分布。树下或山谷阴湿处。

3. 球子蕨 *Onoclea interrupta* （Maxim.） Ching et P. C. Chiu

有分布。草甸或潮湿灌木丛中。

（十三）瓶尔小草科 Ophioglossaceae

1. 狭叶瓶尔小草 *Ophioglossum thermale* Kom.

冰冰背。山坡草地或林下。

（十四）水龙骨科 Polypodiaceae

1. 网眼瓦韦 *Lepisorus clathratus* （C. B. Clarke） Ching

有分布。海拔 1 000 m 以上的林下岩石上。

2. 有边瓦韦 *Lepisorus marginatus* Ching

林下或阴处岩石上。

3. 乌苏里瓦韦 *Lepisorus ussuriensis* （Regel et Maack） Ching

海拔约 800 m 林下岩石上或树干上，也生于石缝中。

4. 瓦韦 *Lepisorus thunbergianus* （Kaulf.） Ching

附生山坡林下树干或岩石上。

5. 有柄石韦 *Pyrrosia petiolosa* （H. Christ） Ching

生于四方垴。岩石壁上。海拔 1 200 m。

6. 华北石韦 *Pyrrosia davidii* （Baker） Ching

四方垴。岩石壁上。海拔 1 200 m。

7. 中华水龙骨 *Goniophlebium chinense* （Christ） X.C.Zhang

有分布。附生石上或树干上，海拔 900 ～ 1 500 m。

（十五）蕨科 Pteridiaceae

1. 蕨（拳菜）*Pteridium aquilinum* var.*latiusculum* Underw. ex A. Heller

有分布。荒坡及林缘。

（十六）凤尾蕨科 Pteridaceae

1. 井栏边草 *Pteris multifida* Poir.

有分布。山沟石壁、阴湿石壁上。

2. 蜈蚣凤尾蕨（蜈蚣草、野鸡林）*Pteris vittata* L.

有分布。钙质土和石灰岩上。

3. 普通凤丫蕨 *Coniogramme intermedia* Hieron.

有分布。生于湿润林下。

4. 无毛凤丫蕨 *Coniogramme intermedia* var. *glabra* Ching

生于太行平湖。灌木丛中。

（十七）槐叶苹（蘋）科 Salviniaceae

1. 槐叶苹（蘋）*Salvinia natans* All.

分水岭。池塘、水田中。

2. 满江红 *Azolla pinnata* subsp. *asiatica* R. M. K. Saunders & K. Fowler

生于静水沟塘中。

3. 苹（蘋、田字草、四叶苹）*Marsilea quadrifolia* L.

有分布。生于沟塘中。

（十八）卷柏科 Selaginellaceae

1. 蔓出卷柏 *Selaginella davidii* Franch.

石板岩龙床口、益伏口。山谷、山坡岩石缝中。

2. 兖州卷柏（岩柏、石柏）*Selaginella involvens* （Sw.） Spring

黄华镇观霖沟。疏林下岩石上。

3. 伏地卷柏 Selaginella nipponica Franch. et Sav.

有分布。溪旁湿地或岩石上。

4. 红枝卷柏 *Selaginella sanguinolenta* （L.） Spring

有分布。干旱岩石上。

5. 中华卷柏 *Selaginella sinensis* （Desv.） Spring

青年洞、鲁班壑、黄华寺。路边草地、山沟石壁上。海拔 400 ～ 1 000 m。

6. 旱生卷柏 *Selaginella stauntoniana* Spring

太行平湖。山坡草地、山沟石壁上。海拔 600 ～ 1 200 m。

7. 卷柏（九死还魂草）*Selaginella tamariscina* （P. Beauv.） Spring

有分布。干旱岩石上。

8. 鞘舌卷柏 *Selagmella vaginata* Spring

有分布。山坡林下。

9. 垫状卷柏 *Selaginella pulvinata* （Hook. et Grev.） Maxim.

有分布。常见于石灰岩上。

10. 红枝卷柏 *Selaginella sanguinolenta* （L.） Spring

有分布。生于石灰岩上，海拔 1 400 m 以上。

（十九）中国蕨科 Sinopteridaceae

1. 银粉背蕨 *Aleuritopteris argentea* （S. G. Gmel.） Fee

石板岩南湾村、东湾村、高家台。山沟石壁、山坡路边。海拔 500 ～ 1 200 m。

2. 华北粉背蕨 *Aleuritopteris kuhnii* （Milde） Ching

有分布。山谷中或疏林下。

3. 陕西粉背 *Aleuritopteris argentea* var. *obscura* （Christ） Ching

青年洞、天平山、黄华寺。山沟石壁、山坡路边或石墙上。海拔 500 ～ 1 200 m。

（二十）岩蕨科 Woodsiaceae

1. 妙峰岩蕨 *Woodsia oblonga* Ching et S.H.Wu

有分布。海拔 1 000 m 以上的岩石间。

2. 耳羽岩蕨 *Woodsia polystichoides* D.C.Eaton

有分布。林下石上或山谷石缝中。

3. 膀胱蕨 *Protowoodsia manchuriensis* （Hook.） Ching

生于天平山。林下岩石上。

第二节 裸子植物

（一）柏科 Cupressaceae

1. 侧柏 *Platycladus orientalis* （L.） Franco

广泛分布。山坡林下、山顶或悬崖壁上。野生或栽培。

2. 圆柏 *Juniperus chinensis* L.

有分布。岩壁上或栽培。

3. 崖柏 *Thuja sutchuenensis* Franch.

有分布。生于石灰岩崖壁上。

（二）松科 Pinaceae

1. 白皮松 *Pinus bungeana* Zucc. ex Endl.

有分布。路旁或山坡。野生或栽培。

2. 油松 *Pinus tahulifbrmis* Carriere

石板岩马鞍垴、大垴，黄华镇四方垴。野生或飞播林。海拔 800 m 以上。

（三）红豆杉科 Taxaceae

1. 南方红豆杉 *Taxus wallichiana* var. *mairei* L. K. Fu & Nan Li

石板岩桃花谷。山坡杂木林中。海拔约 1 000 m。

第三节 被子植物

被子植物分双子叶植物和单子叶植物。

一、双子叶植物

（一）槭树科 Aceraceae

1. 青榨槭（青皮槭）*Acer davidii* Franch.

有分布。山坡或山沟杂木林中。

2. 葛萝槭 *Acer davidii* Franch. subsp. *grosseri* （Pax） P. C. DeJong

生于天平山。山坡杂木林中。

3. 茶条槭 *Acer tataricum* L. subsp. *ginnala* （Maxim.） Wesm.

有分布。山坡或山沟杂木林中。

4. 色木槭（地锦槭）*Acer pictum* subsp. *mono* （Maxim.） H. Ohashi

有分布。山坡路边、路边林下。

5. 元宝槭 *Acer turncatum* Bunge

石板岩大垴、黄华镇四方垴。山坡林下。海拔约 900 m。

（二）猕猴桃科 Actinidiaceae

软枣猕猴桃 *Actinidia arguta*（Sieb.et Zucc.）Planch.ex. Miq.

太极冰山、仙台山。山坡灌木丛中或林内。

（三）八角枫科 Alangiaceae

1. 八角枫 *Alangium chinense*（Lour.）Harms

四方垴。山沟、山坡。海拔约 900 m。

2. 瓜木 *Alangium platanifolium*（Sicb. et Zucc）Harms

有分布。山坡林下。海拔约 460 m。

（四）苋科 Amaranthaceae

1. 牛膝 *Achyranthes bidentata* Blume

天平山、观霖沟、寨门沟。山谷、路边草丛、路边林下。海拔 400 ～ 900 m。

2. 凹头苋 *Amaranthus blitum* L.

田家沟、水河村。田间、地埂、路旁。

3. 尾穗苋 *Amaranthus caudatus* L.

桃花洞、桑园、桃园。路边。

4. 反枝苋 *Amaranthus retroflexus* L.

桑园、桃园、益伏口。路边、村边。

5. 腋花苋 *Amaranthus roxburghianus* H. W. Kung

有分布。山坡、路边、水边。

6. 刺苋 *Amaranthus spinosus* L.

有分布。路边草丛。

7. 长芒苋 *Amaranthus palmeri* S.Watson

有分布。路边草丛。

8. 北美苋 *Amaranthus blitoides* S. Watson

有分布。路边草丛。

9. 合被苋 *Amaranthus polygonoides* L.

有分布。路边草丛。

10. 苋 *Amaranthus tricolor* L.

野生或栽培，路边草丛。

11. 老鸦谷 *Amaranthus cruentus* L.

有栽培或逸生。

12. 皱果苋 *Amaranthus viridis* L.

生在人家附近的杂草地上或田野间。

13. 绿穗苋 *Amaranthus hybridus* L.

生在田野、旷地或山坡，海拔 400 ～ 1 100 m。

14. 繁穗苋（老鸦谷）*Amaranthus cruentus* Linnaeus

栽培或野生。生长由平地到海拔 2 150 m。

15. 喜旱莲子草（空心莲子草）*Alternanthera philoxeroides* Griseb.

逸为野生。生在池沼、水沟内。

16. 青葙 *Celosia argentea* L.

野生或栽培，生于平原、田边、丘陵、山坡，高达海拔 1 100 m。

（五）漆树科 Anacardiaceae

1. 黄栌（红叶、灰毛黄栌）*Cotinus coggygria* Scop. var. *cinerea* Engl.

有分布。山坡。海拔 700 m 以上。

2. 毛黄栌 *Cotinus coggygria* Scop. var. *pubescens* Engl.

有分布。路边、山坡。海拔 800 m 以上。

3. 黄连木 *Pistacia chinensis* Bunge

四方垴、太行平湖、车佛沟。山坡杂木林中。石灰岩指示植物。

4. 盐肤木 *Rhus chinensis* Mill.

生于四方垴、太行平湖、车佛沟。山坡杂木林中。海拔 500 ～ 1 000 m。

5. 青肤杨 *Rhus potaninii* Maxim.

太行隧洞、潘家沟。路边、坡地。海拔 800 ～ 1 200 m。

6. 漆树 *Toxicodendron vernicifluum* （Stokes） F. A. Barkley

生于车佛沟、黑龙潭山坡。山坡、沟谷。海拔 900 ～ 1 200 m。

7. 野漆 *Toxicodendron succedaneum* （L.） O. Kuntze

海拔 500 m 以上林中。

（六）夹竹桃科 Apocynaceae

1. 罗布麻 *Apocyniun venetum* L.

太行平湖。滩地及盐碱地，山地河滩也常见。

2. 络石 *Trachelospermum jasminoitles* （Lindl.） Lem.

马鞍垴，太行屋脊。山地草丛、石壁上。海拔 1 000 m。

（七）五加科 Araliaceae

1. 刺五加 *Eleutherococcus senticosus* （Rupr. ex Maxim.） Maxim.

有分布。海拔 1 000 m 以上的林下及灌木丛中。

（八）马兜铃科 Aristolochiaceae

1. 北马兜铃 *Aristolochia contorta* Bunge

太行屋脊、郭家庄、鲁班壑。路边草丛、山坡、山顶草地。海拔 700 ～ 1 200 m。

2. 马兜铃 *Aristolochia debilis* Sieb. et Zucc.

有分布。山坡灌木丛中、河边、路旁。

3. 寻骨风（绵毛马兜铃）*Aristolochia mollissima* Hance

有分布。山坡、草丛、沟边、路旁。

4. 木通马兜铃 *Aristolochia manshuriensis* Kom.

青年洞、四方垴，仙台山。山坡、沟边。海拔 800 m。

（九）萝藦科 Asclepiadaceae

1. 牛皮消 *Cynanchum auriculatum* Royle ex Wight

车佛沟、龙床沟。路边草丛中、路边林下、山坡。海拔 800 ～ 1 000 m。

2. 白薇 *Cynanchum atratum* Bunge

有分布。山顶草地、沟底、路边草地。

3. 白首乌 *Cynanchum bungei* Decne.

滑翔基地。山顶草地。海拔约 1 100 m。

4. 鹅绒藤 *Cynanchum chinense* R.Br.

平板桥、白岩寺。路边，习见。海拔约 500 m。

5. 徐长卿 *Cynanchum paniculatm* （Bunge） Kitag.

有分布。海拔 1 000 m 以下的山坡草地、灌木丛及疏林中。

6. 地梢瓜 *Cynanchum thesioides* （Freyn） K. Schum.

云峰寺、黄华寺。山地、路边草丛中。海拔约 600 m。

7. 雀瓢 *Cynanchum thesioides* var. *australe* （Maxim.） Tsiang et P. T. Li

天平山。山地、路边草丛中。海拔约 700 m。

8. 变色白前 *Cynanchum versicolor* Bunge

黑龙潭。山谷。海拔约 900 m。

9. 太行白前 *Cynanchum taihangense* Tsiang et Zhang

四方垴。山地、路边草丛中。海拔约 1 400 m。

10. 华北白前 *Cynanchum mongolicum* （Maximowicz） Hemsley

天平山、洪谷山。山坡林下、山沟。海拔 500 ～ 1 000 m。

11. 丽子藤 *Dregea yunnanensis* （Tsiang） Tsiang et P. T. Li

有分布。山坡路边。

12. 萝摩 *Metaplexis japonica* （Thunb.） Makino

贤马沟、四方垴。山坡林下、路边草地。海拔约 1 000 m。

13. 杠柳 *Periploca sepium* Bunge

洪谷寺、天平山。山坡林下、山沟、山顶草地。海拔 500 ～ 1 000 m。

14. 蔓剪草 *Cynanchum chekiangense* M. Cheng ex Tsiang et P. T. Li

四方垴、青年洞。山坡林下、山沟。海拔 500 ～ 1 000 m。

15. 竹灵消 *Cynanchum inamoenum* （Maxim.） Loes.

车佛沟。山坡林下、路边草丛中。海拔 500 ～ 1 000 m。

（十）凤仙花科 Balsaminaceae

1. 水金凤（辉菜花、野凤仙花） *Impatiens nolitangere* L.

高家台。山沟林缘、草地或溪旁潮湿的地方。

2. 卢氏凤仙花（翼萼凤仙花） *Impatiens lushiensis* Y. L. Chen

天平山、四方垴。山沟林缘、草地或溪旁潮湿的地方。

（十一）秋海棠科 Begoniaceae

1. 秋海棠 *Begonia grandis* Dryand.

仙霞谷。路边林下、路边阴湿岩壁上，海拔 1 000 m。

2. 中华秋海棠 *Begonia grandis* Dryand. subsp. *sinensis* Irmsch.

仙霞谷，桃花洞。山坡林下、石壁上。

（十二）小檗科 Berberidaceae

1. 黄芦木（大叶小檗、刺黄柏）*Berberis amurensis* Rupr.

有分布。山沟林缘、草地或溪旁潮湿地方。

2. 直穗小檗（刺黄柏）*Berberis dasystachya* Maxim.

大垴、四方垴。山坡灌木丛中及山谷溪旁。

3. 首阳小檗 *Berberis dielsiana* Fedde

太极冰山。山坡灌木丛中及溪旁。

4. 黄芦木 *Berberis amurensis* Rupr.

四方垴、大垴。山坡灌木林中。

5. 淫羊藿（短角淫羊藿）*Epimedium biwicomum* Maxim.

太极冰山。山沟、山坡。海拔约 670 m。

6. 柔毛淫羊藿 *Epimedium puhescens* Maxim.

太极冰山。山坡路边。海拔约 1 000 m。

7. 三枝九叶草（淫羊藿）*Epimedium sagittatum* （Sieb. et Zucc.） Maxim.

有分布。山坡林下。

8. 类叶牡丹（和尚头）*Caulophylhun robustum* Maxim.

有分布。山坡林下阴湿处。

9. 十大功劳 *Mahonia fortunei* （Lindl.） Fedde

景区有栽培。

（十三）桦木科 Betulaceae

1. 红桦 *Betula albosinensis* Burkill

四方垴。海拔 1 000 m 以上的山坡杂木林中。

2. 坚桦 *Betula chinensis* Maxim.

四方垴、大垴。海拔 1 000 m 以上的山坡、沟谷。

3. 白桦 *Betula platyphylla* Sukaczev

太极山、冰冰背、四方垴有分布。海拔 1 000 m 以上的山坡。

4. 千金榆 *Carpinus cordata* Blume

太极冰山，天路，四方垴。海拔 800 m 以上的山坡。

5. 鹅耳枥 *Carpinus turczaninowii* Hance

王相岩、太极冰山。海拔 800 m 以上的山坡。

6. 榛 *Cotylus heterophyllci* Fisch. ex Trautv.

四方垴、大垴。山坡林下、山坡、灌木丛。海拔 800 ～ 1 200 m。

7. 毛榛（小榛树、胡榛子）*Corylus manclshurica* Maxim.

四方垴、大垴。山坡或林下。海拔 800 ～ 1 200 m。

8. 虎榛（虎榛子）*Ostryopsis davidiana* Decne.

有分布。海拔 1 000 m 以上的山坡。

（十四）紫薇科 Bignoniaceae

1. 楸树 *Catalpa bungei* C. A. Mey.

有分布。浅山丘陵，平原有零星栽培。

2. 梓（河梓）*Catalpa ovata* G. Don

有分布。山谷、溪旁、河岸。

3. 角蒿 *Incarvillea sinensis* Lam.

东安、贤马沟。路边草地。

（十五）紫草科 Boraginaceae

1. 狼紫草 *Anchusa ovata* Lehm.

有分布。路边。

2. 斑种草 *Bothriospermum chinense* Bunge

有分布。山沟路边草丛、路边草地。

3. 狭苞斑种草 *Bothriospermum kusnetzowii* Bunge ex A. DC

有分布。低山坡地、路旁、平原、草地。

4. 多苞斑种草 *Bothriospermum secundum* Maxim.

有分布。路边、荒地、山坡草丛。

5. 柔弱斑种草 *Bothriospermum tenellum* （Homem.）Fisch. et C. A. Mey.

有分布。荒地、山坡、草地。

6. 小花琉璃草 *Cynoglossum lanceolatum* Forssk.

有分布。路边草丛。

7. 鹤虱（刺种）*Lappula myosotis* Moench

有分布。麦田、荒野、路边、果园等地。

8. 紫草（紫丹）*Lithospermum erythrorhizon* Sieb. et Zucc.

有分布。山坡路旁、草丛中。

9. 弯齿盾果草 *Thyrocarpus glochidiats* Maxim.

有分布。山坡林下。

10. 盾果草 *Thyrocarpus sampsonii* Hance

有分布。荒野、路边、果园等地。

11. 附地菜 *Trigonotis peduncularis* （Trevis.） Benth. ex Baker & S. Moore

有分布。麦田、油菜田、菜地、果园、路旁、沟渠、荒地。

12. 钝萼附地菜 *Trigonotis peduncularis* var. *amblyosepala* W.T. Wang

有分布。山坡草地。

13. 田紫草 *Lithospermum arvense* L.

有分布。麦田、菜地、路旁、沟渠、荒地。

（十六）黄杨科 Buxaceae

1. 黄杨（瓜子黄杨、小叶黄杨）*Buxus sinica* （Rehder et E. H. Wilson） M. Cheng

景区有栽培。

（十七）桔梗科 Campanulaceae

1. 丝裂沙参 *Adenophora capillaris* Hemsl

有分布。山坡林下。

2. 心叶沙参 *Adenophora cordifolia* D. Y. Hong

有分布。山坡林下。

3. 秦岭沙参 *Adenophora petiolata* Pax. et Hoffim.

太极冰山有分布。林下或山坡路边。

4. 杏叶沙参 *Adenophora petiolata* subsp. *hunanensis* D.Y. Hong et S. Ge

贤马沟有分布。山坡草地或疏林下。

5. 石沙参 *Adenophora polyantha* Nakai

干燥草地、路边林下。

6. 多歧沙参 *Adenophora potaninii* Korsh. subsp. *wanreana* S. Ge et D. Y. Hong

滑翔基地。路边草丛。

7. 沙参 *Adenophora stricta* Miq.

有分布。山坡林下。

8. 轮叶沙参 *Adenophora tetraphylla* （Thunb.） Fisch.

有分布。草地或林缘。

9. 荠苨 *Adenophora trachelioides* Maxim.

路边草丛、山坡林下。海拔 1 100 ～ 1 200 m。

10. 紫斑风铃草（吊钟花）*Campanula punctata* Lam.

有分布。灌木丛或林中。

11. 羊乳 *Codonopsis lanceolata* （Sieb. et Zucc.） Trautv.

太极冰山等。山坡路边。

12. 党参 *Codonopsis pilosula* （Franch.） Nannf.

大垴、桃花谷有分布。灌木丛中、林缘或人工栽培。

13. 桔梗 *Platycodon grandiflorus* A. DC.

有分布。路边林下、山顶草地、山坡林下。有栽培。

（十八）忍冬科 Caprifoliaceae

1. 六道木 *Abelia biflora* Turcz.

四方垴、大垴。山坡、山坡林下。

2. 南方八道木 *Abelia dielsii* （Graebn.） Rehder

太极山、天路等。路边林下。海拔 800 m 以上。

3. 北京忍冬（毛母娘）*Lonicera elisae* Franch.

有分布。海拔 500 m 以上的沟谷或山坡林中或灌木丛中。

4. 葱皮忍冬 *Lonicera ferdinandi* Franch.

有分布。海拔 800 m 以上的向阳山坡林下或灌木丛中。

5. 郁香忍冬 *Lonicera fragrantissima* Lindl. et Paxon

有分布。林下。

6. 苦糖果 *Lonicera fragrantissima* subsp. *tandishii* P. S. Hsu et H. J. Wang

有分布。山沟。

7. 刚毛忍冬 *Lonicera hispida* Pall. ex Roem. et Schult.

有分布。林下。

8. 忍冬 *Lonicera japonica* Thunb. ex Murray

有栽培。

9. 金银忍冬 *Lonicera maackii* （Rupr.） Maxim.

冰冰背。路边林下、山坡路边、山坡林下。

10. 毛药忍冬 *Lonicera serreana* Hand.-Mazz.

有分布。海拔 600 m 以上山坡、山谷的灌木丛中。

11. 华北忍冬 *Lonicera tatarinowii* Maxim.

有分布。海拔 400 m 以上的山坡杂木林中或灌木丛中。

12. 盘叶忍冬（大叶银花）*Lonicera tragophylla* Hemsl.

有分布。海拔 1 000 m 以上的林下灌木丛中或河旁岩石缝中。

13. 唐古特忍冬 *Lonicera tangutica* Maxim.

太极冰山。阴冷山坡。

14. 接骨草 *Sambucus chinensis* Lindl.

有分布。海拔 700 m 以上的山坡林下、灌木丛或草丛中。

15. 接骨木 *Sambucus williamsii* Hance

马鞍垴、四方垴等。山坡林下、山坡、路边。较多见。

16. 桦叶荚蒾 *Viburnum betulifolium* Batalin

太极冰山、四方垴。山坡林下、路边林下。

17. 荚蒾 *Viburnum dilatatum* Thunb.

有分布。路边林下。

18. 宜昌荚蒾 *Viburnum erosum* Thunb.

有分布。沟谷。

19. 聚花荚蒾 *Viburnum glomeratum* Maxim.

有分布。山顶草地。

20. 阔叶荚蒾 *Viburnum lobophyllum* Graebn.

有分布。山坡林下。

21. 黑果荚蒾 *Viburnum melanocarpum* Hsu

沟底、路边。

22. 蒙古荚蒾 *Viburnum mongolicum* （Pall.） Rehder

有分布。山坡路边、山坡林下。

23. 鸡树条荚蒾 *Viburnun opulus* L. var. *calvescens* （Rehder） H. Hara

有分布。海拔 1 000 m 以上的林下、山谷或山坡。

24. 陕西荚蒾 *Viburnum schensianum* Maxim.

四方垴、天平山、高家台。山谷林中或山坡灌木丛中。

25. 锦带花 *Weigela florida* （Bunge） A. DC.

分水岭有栽培。

（十九）石竹科 Caryophyllaceae

1. 无心菜 *Arenaria serpyllifolia* L.

有分布。水边沟底、山坡林下。

2. 缘毛卷耳 *Cerastium furcatum* Cham. et Schltdl.

有分布。山坡草地或灌木丛中。

3. 石竹 *Dianthus chinensis* L.

马鞍垴、滑翔基地山顶草地。海拔 1 100 m 以上。

4. 长萼瞿麦 *Dianthus longicalyx* Miq.

山坡林下、路边草丛中。海拔 1 100 m 以上。

5. 瞿麦 *Dianthus superhits* L.

有分布。山坡灌木丛草地或石缝中。

6. 长蕊石头花（霞草）*Gypsophilan oldhamiana* Miq.

马鞍垴、滑翔基地山顶草地。海拔 900 ～ 1 200 m。

7. 大花剪秋萝 *Lychnis fulgens* Fisch

有分布。林缘、灌木丛或疏林中。

8. 鹅肠菜 *Myosoton aquaticum* （L.） Moench

洪谷山、天平山。山沟、山坡林下。海拔约 700 m。

9. 异花孩儿参 *Pseudostellaria heterantha* （Maxim.）Pax

有分布。山谷林下阴湿处。

10. 漆姑草 *Sagina japonica* （Sw.） Ohwi

有分布。山坡荒地、田间、路旁草地等处。

11. 女娄菜（马不留）*Silene aprica* Turcz.

鲁班塞、潘家沟、滑翔基地有分布。麦田、果园、草坡或灌木丛中。

12. 坚硬女娄菜 *Silene firma* Siebold Zuccarini

滑翔基地。山顶草丛。海拔 1 100 m。

13. 狗筋蔓 *Silene baccifera* （L.） Roth

有分布。水边草丛中。

14. 麦瓶草 *Silene conoidea* L.

有分布。路边草丛中。

15. 无毛女娄菜 *Silene firma* Sieb. et Zucc.

有分布。山坡、河谷或灌木丛中。

16. 鹤草（蝇子草）*Silene fortunei* Vis.

贤马沟、观霖沟、四方垴、洪谷山。路边草地。海拔 800 ～ 1 100 m。

17. 蔓茎蝇子草（匍生蝇子草）*Silene repens* Patrin ex Pers.

有分布。路边草丛中。

18. 石生蝇子草（山女娄菜）*Silene tatarinowii* Regel

田家沟、观霖沟、寨门沟、刘家梯。山坡林下。

19. 雀舌草（天蓬草）*Stellaria alsine* Grimm

有分布。溪旁、田间、林缘、草地。

20. 中国繁缕 *Stellaria chinensis* Regel

鲁班壑。路边林下。

21. 翻白繁缕 *Stellaria discolor* Turcz.

有分布。路边草丛中。

22. 繁缕（抽筋菜）*Stellaria media*（L.）Vill.

习见。山沟、荒地、山坡等处。

23. 麦蓝菜 *Vaccaria hispanica*（Mill.）Rauschert

习见。路边草丛、麦田杂草。

24. 浅裂剪秋罗 *Lychnis cognata* Maxim.

有分布。海拔 500 ～ 1 000 m 的林下或灌丛草地。

25. 孩儿参 *Pseudostellaria heterophylla*（Miq.）Pax

生于海拔 800 m 以上山谷林下阴湿处。

26. 蔓孩儿参 *Pseudostellaria davidii*（Franch.）Pax

有分布。混交林、杂木林下、溪旁或林缘石质坡上。

27. 箐姑草（石生繁缕）*Stellaria vestita* Kurz

生于海拔 600 m 以上的石滩或石隙中、草坡或林下。

（二十）卫矛科 Celastraceae

1. 苦皮藤 *Celastrus angulatus* Maxim.

四方垴。山坡林下、路边。海拔 600 ～ 1 400 m。

2. 南蛇藤 *Celastrus orbiculatus* Thunb.

四方垴、龙床沟。山坡、路边、林下。海拔 500 ～ 1 200 m。

3. 卫矛 *Euonymus alatus*（Thunb.）Sieb.

四方垴。山坡、路边灌木丛中。

4. 扶芳藤 *Euonymus fortunei*（Turcz.）Hand.-Mazz.

石板岩三亩地等。山坡、路边。

5. 纤齿卫矛 *Euonymus giraldii* Loes.

有分布。山坡、路边灌木丛中。

6. 白杜（明开暗合、丝棉木、华北卫矛）*Euonymus maackii* Rupr.

有分布。山坡林缘或路边。

7. 小卫矛 *Euonymus nanoides* Loes. et Rehder

有分布。山沟路边。

8. 栓刺卫矛（鬼见愁）*Euonymus phellomanus* Loes.

马鞍垴有分布。山坡或山谷杂木林中。

9. 中亚卫矛（八宝茶）*Euonymus semenovii* Regel et Herder

有分布。山坡林阴处。

10. 黄心卫矛 *Euonymus macropterus* Rupr.

太极冰山。阴冷山坡。海拔 1 100 m。

11. 石枣子 *Euonymus sanguineus* Loes. ex Diels

大垴。山坡林阴处。海拔 1 100 m。

12. 腥臭卫矛 *Euonymus sanguineus* var. *paedidus* L. M. Wang

太极冰山。

（二十一）金鱼藻科 Ceratophyllaceae

1. 金鱼藻 *Ceratophyllum demersum* L.

太行大峡谷。池塘与河沟中。

（二十二）藜科 Chenopodiaceae

1. 地肤 *Kochia scoparia* (L.) Schrad.

生于田边、路旁、荒地等处。

2. 扫帚菜 *Kochia scoparia* f. *trichophylla* (Hort.) Schinz. et Thell.

有栽培

3. 灰绿藜 *Chenopodium glaucum* L.

习见于农田、菜园、村房、水边等有轻度盐碱的土壤上。

4. 小藜 *Chenopodium ficifolium* Sm.

为普通田间杂草，有时也生于荒地、道旁、垃圾堆等处。

5. 藜 *Chenopodium album* L.

习见。生于路旁、荒地及田间，为很难除掉的杂草。

6. 碱蓬 *Suaeda glauca* (Bunge) Bunge

有分布。生于荒地、渠岸、田边等含盐碱的土壤上。

7. 猪毛菜 *Salsola collina* Pall.

生村边，路边及荒芜场所。

8. 尖头叶藜 *Chenopodium acuminatum* Willd.

有分布。生于荒地、河岸、田边等处。

9. 鸡冠花 *Celosia cristata* L.

栽培，有时逸为野生。

10. 杂配藜 *Chenopodium hybridum* L.

太行平湖、王相岩。山坡。

11. 杖藜 *Chenopodium giganteum* D. Don

王相岩。栽培。

12. 铺地藜 *Chenopodium pumilio* R. Brown

有分布。

13. 土荆芥 *Dysphania ambrosioides* (Linnaeus) Mosyakin & Clemants

有分布。

14. 牛膝 *Achyranthes bidentata* Blume

天平山。山沟林下。

（二十三）金粟兰科 Chloranthaceae

1. 银线草 *Chloranthus japonicus* Sieb.

有分布。山坡或山谷林下阴湿处。

（二十四）菊科 Compositae

1. 和尚菜 *Adenocaulon himalaicum* Edgew.

有分布。山谷。

2. 珠光香青 *Anaphalis margaritacea*（L.）Benth.et Hook.f.

有分布。路边草丛中。

3. 香青 *Anaphalis sinica* Hance

滑翔基地、高家台、四方垴、太行屋脊。路边林下。

4. 红花疏生香青 *Anaphalis sinica* f. *rubra*（Hand.-Mazz.）Ling

四方垴、洪谷山。

5. 黄花蒿（黄蒿、臭蒿）*Artemisia annua* L.

山坡、路边、荒地、田边。习见。

6. 青蒿（香蒿）*Artemisia apiacea* Hance

山坡、路旁、荒地、灌木丛中。习见。海拔 800 m 以下。

7. 艾蒿 *Artemisia argyi* H. Lev. et Vaniot

路边草丛中。习见。

8. 山蒿 *Artemisia brachyloba* Franch.

有分布。河边沙滩干燥处。

9. 茵陈蒿 *Artemisia capillaris* Thunb.

山坡、沟边、荒地。习见。

10. 南毛蒿 *Artemisia chingii* Pamp.

习见。山坡、路边。海拔约 1 000 m 以下。

11. 南牡蒿 *Artemisia eriopoda* Bunge

四方垴、寨门沟。山坡路边、山顶草地。

12. 白莲蒿 *Artemisia gmelinii* Weber ex Stechm.

太行隧洞、马鞍垴。山坡。

13. 牡蒿 *Artemisia japonica* Thunb.

四方垴、寨门沟。山坡林下。

14. 矮蒿 *Artemisia lancea* Vaniot

天平山、四方垴。林缘、路旁、荒坡。

15. 野艾蒿 *Artemisia lavandulifolia* DC.

黄华寺、平板桥。路边林下、山坡林下、山顶草地。海拔 600 ～ 1 000 m。

16. 蒙古蒿 *Artemisia mongolica*（Fisch. ex Besser）Nakai

黄华寺、平板桥。山沟、路边。

17. 猪毛蒿 *Artemisia scoparia* Waldst. et Kit.

有分布。山坡、旷野、路旁。

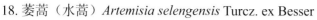
18. 蒌蒿（水蒿）*Artemisia selengensis* Turcz. ex Besser

有分布。林下、林缘、河岸。

19. 大籽蒿 *Artemisia sieversiana* Ehrh.

鲁班壑，山坡林下。海拔约 900 m。

20. 魁蒿 *Artemisia princeps* Pamp.

鲁班壑。山沟、山坡。

21. 阴地蒿 *Artemisia sylvatica* Maxim.

鲁班壑。山沟、山坡。

22. 裂叶蒿 *Artemisia tanacetifolia* L.

有分布。河边沙滩干燥处。

23. 三脉紫菀 *Aster ageratoides* Turcz.

四方垴、老祖庙、贤马沟。山坡林下。

24. 紫菀 *Aster tataricus* L. f.

四方垴。山坡林下、路边草丛中。

25. 苍术 *Atractylodes lancea* （Thunb.） DC.

青年洞、四方垴等。山坡林下。

26. 北苍术 *Atractylodes lancea* （Thunb.） DC. var. chinensis Kitam.

有分布。山坡、林下、灌木丛或草丛中。

27. 鬼针草（婆婆针、一包针）*Bidens bipinnata* L.

寨门沟、刘家梯。有分布。路旁、荒野、村旁、山坡、草地等处。

28. 金盏银盘 *Bidens biternata* （Lour.） Merr. et Sherff

路边、村旁及荒地中习见。

29. 大狼杷草 *Bidens frondosa* L.

石板岩、三亩地、高家台。山谷、河边。

30. 小花鬼针草 *Bidens parviflora* Willd.

白岩寺、云峰寺有分布。山坡林下。

31. 狼杷草（鬼叉、鬼针、鬼刺、一包针）*Bidens tripartita* L.

有分布。水边或湿地。

32. 节毛飞廉 *Carduus acanthoides* L.

有分布。山顶草地。海拔约 1 077 m。

33. 飞廉 *Carduus crispus* L.

有分布。荒野、路边、田边、河滩。

34. 天名精 *Carpesium abrotanoides* L.

有分布。山坡林下。

35. 烟管头草 *Carpesium cernuum* L.

石板岩、天平山。山坡、路边、林下。海拔 900 ～ 1 065 m。

36. 金挖耳 *Carpesium divaricatum* Sieb. et Zucc.

有分布。山坡或山谷草地、灌木丛中。

37. 大花金挖耳 *Carpesium macrocephalum* Franch. et Sav.

有分布。山坡、林缘、山谷、草地、灌木丛中。

38. 银背菊 *Chrysanthemum argyrophyllum* Ling

四方垴。山坡。海拔约 1 000 m。

39. 小红菊 *Chrysanthemum chanetii* H. Lev.

四方垴、青年洞。山坡林下、干燥草地。海拔 1 000 m。

40. 野菊（野菊花、野黄菊、苦薏）*Chrysanthemum indicum* L.

太行屋脊、大垴有分布。山坡。

41. 甘菊 *Chrysanthemum lavandulifolium* （Fisch. ex Trautv.） Makino

太行屋脊、大垴。山沟。河边沙滩干燥处。海拔约 1 200 m。

42. 委陵菊 *Chrysanthemum potentilloides* Hand.- Mazz.

太行屋脊、大垴。山坡林下。海拔约 1 200 m。

43. 条叶蓟 *Cirsium lineare* （Thunb.） Sch. Bip.

有分布。山坡林下。

44. 刺儿菜 *Cirsium setosum* （Willd.） Besser ex M. Bieb.

有分布。山坡林下、山坡路边。

45. 野塘蒿（香丝草）*Conyza bonariensis* （L.）Cronquist

有分布。荒地、山坡、路旁、果园，为常见杂草。

46. 小蓬草（加拿大蓬）*Conyza canadensis* （L.）Cronquist

有分布。路边草丛中。常见。

47. 东风菜 *Doellingeria scabra* （Thunb.） Nees

有分布。路边林下、山坡路边。

48. 华东蓝刺头 *Echinops grijsii* Hance

山坡林下，习见。

49. 蓝刺头 *Echinops latifolius* Tausch

滑翔基地、太行天路有分布。山坡草地、林缘和丘陵地。

50. 醴肠 *Eclipta prostrata* （L.） L.

习见。水边草丛中。

51. 一年蓬 *Erigeron annuns* （L.） Pers.

路边。常见。

52. 佩兰（泽兰、三七）*Eupatorium fortunei* Turcz.

有分布。山坡、草丛、山谷、路旁、村边荒地。

53. 白鼓钉 *Eupatorium lindleyanum* DC.

石板岩、马鞍垴。山坡林下。

54. 线叶菊 *Filifolium sibiricum* （L.） Kitam

山顶草地。

55. 鼠麹草 *Gnaphalium affine* D. Don

山顶草地。

56. 泥胡菜 *Hemisteptia lyrata* （Bunge）Bunge

有分布。山坡路边。

57. 阿尔泰狗娃花 *Heteropappus altaicus* （Wild.）Novopokr.

有分布。路边草地。

58. 狗娃花 *Heteropappus hispidus* （Thunb.）Less.

四方垴、天平山。山坡林下、路边。

59. 山柳菊（伞花山柳菊）*Hieracium umbellatum* L.

有分布。山坡、路旁、草地、灌木丛中。

60. 猫儿菊 *Hypochaeris ciliata* （Thunb.）Makino

四方垴。山顶草地、林下。

61. 旋覆花 *Inula japonica* Thunb.

马鞍垴、苍龙山。山坡林下、路边草丛中。常见。

62. 欧亚旋覆花 *Inula britannica* L.

龙床沟。山坡林下、路边草丛中。

63. 线叶旋覆花（条叶旋覆花）*Inula lineariifolia* Turcz

四方垴。山坡草地、山谷、路旁。

64. 中华山苦荬 *Ixeridium chinense* （Thunb.）Tzvelev

有分布。田间、路旁、山坡、林下。

65. 窄叶小苦荬 *Ixeridium gramineum* （Fisch.）Tzvelev

路边草丛中、山坡路边。

66. 尖裂假还阳参（抱茎苦荬菜）*Crepidiastrum sonchifolium* Pak & Kawano

石板岩、天平山有分布。海拔 300 m 以上的荒野、路旁及疏林缘。

67. 马兰 *Kalimeris indica* （L.）Sch. Bip.

有分布。山坡。

68. 全叶马兰 *Kalimeris integrifolia* Turcz.ex DC.

滑翔基地。山坡、路边、山顶草地，海拔 600 ～ 1 100 m。

69. 大丁草 *Leibnitzia anandria* （L.）Turcz.

马鞍垴、滑翔基地、平板桥。山坡。

70. 薄雪火绒草 *Leontopodium japonicum* Miq.

太行天路。路边、山顶草地。

71. 火绒草 *Leontopodium leontopodioides* （Willd.）Beauverd

四方垴等。山顶草地。常见。

72. 蹄叶橐吾 *Ligularia fischeri*（Ledeb.）Turcz.

有分布。山坡水边、林下阴湿地。

73. 狭苞橐吾 *Ligularia intermedia* Nakai

有分布。天平山、四方垴。山坡水边、林下阴湿地。

74. 齿叶橐吾 *Ligularia dentata* （A. Gray）H. Hara

山坡、水边、林缘和林中。海拔 650 m 以上。

75. 窄头橐吾 *Ligularia stenocephala* （Maxim.） Matsum. et Koidz.
有分布坡地。

76. 蚂蚱腿子 *Myripnois dioica* Bunge
寨门沟、太行天路。山坡、路边。海拔 700 ～ 1 200 m。

77. 太行菊 *Opisthopappus taihangensis* （Ling） Shih
高家台、四方垴。山坡、石壁上。海拔 600 ～ 1 100 m。

78. 秋苦荬菜（黄瓜菜）*Paraixeris denticulata*（Houtt.） Nakai
三亩地、高家台。山沟、山坡。

79. 两似蟹甲草 *Parasenecio ambiguus* （Ling）Y. L. Chen
王相岩。山坡灌木丛中、林下、山谷、溪旁等阴湿处。

80. 翅果菊（山莴苣、鸭子食）*Pterocypsela indica* （L.） Shih
马鞍垴、滑翔基地有分布。路旁、荒地、河边及草甸上。

81. 瓜叶帚菊 *Pertya henanensis* Y. C. Tseng
有分布。山坡路边。

82. 华帚菊 *Pertya sinensis* Oliv.
有分布。山坡路旁、草地、灌木丛中及林下。

83. 多裂福王草（多裂耳菊）*Prenanthes macrophylla* Franch.
天平山。山谷、山坡林下。

84. 盘果菊 *Prenanthes tatarinowii* Maxim.
天平山、王相岩。山谷。

85. 祁州漏芦 *Rhaponticum uniflorum* （L.） DC.
马鞍垴、滑翔基地。荒坡、草地、灌木丛中。

86. 紫苞风毛菊 *Saussurea iodostegia* Hance
有分布。山坡草地、灌木丛中。

87. 风毛菊 *Saussurea japonica* （Thunb.） DC.
四方垴、马鞍垴。山坡林下。

88. 蒙古风毛菊 *Saussurea mongolica* （Franch.） Franch.
太极冰山、滑翔基地。山坡草丛中，海拔 700 ～ 1 100 m。

89. 银背风毛菊 *Saussurea nivea* Turcz.
太极冰山。山坡草丛中，海拔 700 ～ 1 100 m。

90. 篦苞风毛菊 *Saussurea pectinata* Bunge ex DC.
有分布。山坡林下。

91. 乌苏里风毛菊 *Saussurea ussuriensis* Maxim.
天平山。山坡草丛中，海拔 700 ～ 1 100 m。

92. 华北鸦葱 *Scorzonera albicaulis* Bunge
滑翔基地。山坡路边。

93. 鸦葱 *Scorzonera austriaca* Willd.
马鞍垴、滑翔基地。山顶草地。

94. 桃叶鸦葱 *Scorzonera sinensis* Lipsch. et Krasch.

有分布。苍龙山、马鞍垴、滑翔基地。干旱山坡、草地。

95. 千里光（千里明）*Senecio scandens* Buch.-Ham. ex D. Don

山坡、山沟、河滩、田边、林缘及灌木丛中。

96. 林荫千里光 *Senecio nemorensis* L.

四方垴。山坡路边。海拔约 1 000 m。

97. 琥珀千里光 *Senecio ambraceus* Turcz. ex DC.

四方垴。山坡路边。

98. 碗苞麻花头 *Serratula chanetii* H. Lev.

山顶草地。

99. 麻花头 *Klasea centauroides* （L.） Cass. ex Kitag.

滑翔基地。山坡路边。

100. 钟苞麻花头 *Serratula cupuliformis* Nakai et Kitag.

四方垴。山坡林下、山顶草地。

101. 豨莶 *Siegesbeckia orientalis* L.

路边草丛中。海拔 600 ～ 700 m。

102. 腺梗豨莶 *Siegesbeckia pubescens* （Makino） Makino

石板岩、三亩地。山坡林下、路边林下。海拔 700 ～ 900 m。

103. 续断菊 *Sonchus asper* （L.） Hill.

山坡林下。

104. 长裂苦苣菜 *Sonchus brachyotus* DC.

天平山、观霖沟。路边、山坡林下。

105. 苦苣菜（苦菜）*Sonchus oleraceus* L.

田边、荒地、果园及山坡、路旁、溪边。

106. 钻叶紫菀 *Sympliyvtrichum subulatum* （Michaux） G. L. Nesom

岩缝中。原产北美洲，入侵杂草。

107. 兔儿伞 *Syneilesis aconitifolia* （Bunge） Maxim.

石板岩水段。山坡路边。

108. 蒲公英 *Taraxacum mongolicum* Hand.-Mazz.

广泛分布。山坡路边、山坡林下。

109. 华蒲公英（碱地蒲公英）*Taraxacum borealisinense* Kitam.

草甸、路旁、盐碱地。

110. 药用蒲公英 *Taraxacum officinale* F. H. Wigg.

滑翔基地。山坡、路边。

111. 狗舌草 *Tephmseris kirilowii* （Turcz. ex DC.） Holub

苍龙山。山坡。

112. 款冬 *Tussilago farfara* L.

黑龙潭。山沟林下。

113. 苍耳 *Xanthium sibiricum* Patrin ex Widder

寨门沟、石板岩。山坡林下、路边草丛中。常见。

114. 黄鹌菜 *Youngia japonica* （L.） DC.

苍龙山、寨门沟。水边草丛中、山坡林下路边、山顶草地。海拔 500 ～ 1 000 m。

115. 多花百日菊 *Zinnia peruviana* （L.） L.

天路栽培，有时逸为野生。山坡、路旁、草地。

116. 山马兰 *Aster lautureanus* （Debeaux） Franch.

生于山坡、草地、灌丛中。

117. 牛蒡 *Arctium lappa* L.

四方垴、潘家沟。山坡路边、林下。

118. 菊芋 *Helianthus tuberosus* L.

广泛栽培，有时逸为野生。

（二十五）旋花科 Convolvulaceae

1. 打碗花 *Calystegia hederacea* Wall.

山坡、荒地。

2. 藤长苗 *Calystegia pellita* （Ledeb.） G. Don

山坡、田边。

3. 旋花 *Calystegia sepium* （L.） R. Br.

路边林下。海拔 500 ～ 700 m。

4. 田旋花 *Convolvulus arvensis* L.

山坡、田边、荒地及田间。

5. 南方菟丝子 *Cuscuta australis* R. Br.

山坡林下。

6. 菟丝子 *Cuscuta chinensis* Lam.

寨门沟。有分布。寄生于其他植物上。

7. 金灯藤（日本菟丝子）*Cuscuta japonica* Choisy

田家沟、观霖沟山坡林下。

8. 牵牛 *Ipomoea nil* （L.） Roth

路边石壁。外来物种。

9. 圆叶牵牛（矮牵牛、紫牵牛）*Ipomoea purpurea* （L.） Roth

荒地和村旁。习见。外来物种。

10. 番薯（红薯、地瓜）*Ipomoea batatas* （L.） Lam.

栽培，偶见逸为野生。

11. 北鱼黄草 *Merremia sibirica* （L.） Hall. F.

红旗渠景区。生于海拔 600 m 的林中或沟边杂木林内。

（二十六）山茱萸科 Cornaceae

1. 梾木 *Cornus macrophylla* Wall.

天平山。山坡、杂木林。

2. 山茱萸 *Cornus officinalis* Sieb. et Zucc.

红谷山景区有栽培。

3. 毛梾 *Cornus walteri* Wangerin

太行天路、大垴。山坡林下、路边。海拔 600 ～ 1 200 m。

4. 红瑞木 *Cornus alba* Linnaeus

天平山。山坡、杂木林中。

5. 四照花 *Cornus kousa* subsp. *chinensis* （Osborn） Q. Y. Xiang

王相岩。

6. 沙梾 *Cornus bretschneideri* L. Henry

有分布。生于海拔 1 100 m 以上的杂木林内或灌丛中。

（二十七）景天科 Crassulaceae

1. 八宝（景天）*Hylotelephium erythrostictum* （Miq.） H. Ohba

人工栽培。

2. 塔花瓦松 *Orostachys chanetii* （Lévl.） Berger

有分布。路边、岩石间和石壁上。

3. 瓦松 *Orostachys fimbriata* （Turcz） A. Berger

有分布。路边、屋顶或老树树干上。

4. 晚红瓦松 *Orostachys japonica* A. Berger

习见。石壁上。

5. 费菜（土三七、景天三七）*Phedimus aizoon* （L.）'t Hart

有分布。岩石间、灌木丛中、林下等阴湿处。

6. 堪察加费菜 *Phedimus kamtschaticus* （Fisch）'t Hart

大垴、红旗渠景区等。山坡林下、山顶草地、路边石壁。海拔 600 ～ 1 000 m。

7. 大苞景天 *Sedum oligospermum* Maire

海拔 1 000 m 以上的山谷、沟边等阴湿处。

8. 垂盆草 *Sedum sarmenlosum* Bunge

福兴寺。山坡草地。海拔约 500 m 以上。

9. 火焰草 *Sedum stellariifolium* Franch

滑翔基地、大垴。山坡林下、路边石壁。

（二十八）十字花科 Cruciferae

1. 硬毛南芥 *Arabis hirsuta* （L.） Scop

有分布。海拔 1 000 m 以上的山坡草地、灌木丛中。

2. 垂果南芥 *Arabis pendula* L.

天平山。山坡林缘、山谷、河岸、草丛中。

3. 荠 *Capsella bursa-pastoris* （L.） Medik

广布。山坡林下、房前屋后、路旁。

4. 裸茎碎米荠 *Cardamine scaposa* Franch

太极冰山。海拔 1 000 m 以上的山沟林下阴湿处。

5. 碎米荠 *Cardamine hirsute* L.

广布。山坡、路旁、水田边。

6. 白花碎米荠 *Cardamine leucantha* O. E. Schulz

有分布。海拔 1 000 m 以上的山坡或山谷林下阴湿处。

7. 弯曲碎米荠 *Cardamine flexuosa* With.

有分布，山坡、路旁、水田边。

8. 大叶碎米荠 *Cardamine macrophylla* Willd.

天平山、桃花谷。山沟、溪边、水边。海拔 800 m。

9. 播娘蒿 *Descurainia sophia* （L.） Webb ex Prantl

洪谷山、天平山。路边草地。

10. 花旗杆 *Dontostemon dentatus* （Bunge） Lédeb.

路边草丛、山顶草地。

11. 葶苈 *Draba nemorosa* L.

麦田、地埂、路旁、沟边、荒地等处。

12. 小花糖芥 *Erysimum cheiranthoides* L.

洪谷山、天平山。沟谷、荒地、路边。海拔 500 m。

13. 独行菜 *Lepidium apetahnn* Willd.

黄华寺、石板岩。麦田、果园、菜地、田边、沟边、荒野等处。

14. 北美独行菜 *Lepidium virginicum* L.

有分布。田间、荒野、路旁等处。

15. 臭荠 *Coronopus didymus* （L.） J. E. Smith

有分布。田间、荒野、路旁等处。

16. 涩芥（离蕊芥）*Malcolmia Africana* （L.） R. Br.

有分布。农田、菜地、路旁、荒野。

17. 诸葛菜 *Orychophragmus violaceus* （L.）O.E. Schulz

滑翔基地、石板岩。山坡、路边。海拔约 700 m。

18. 细子蔊菜 *Rorippa cantoniensis* （Lour） Ohwi

石板岩。有分布。田埂、路旁、河滩等湿润处。

19. 风花菜（球果蔊菜）*Rorippa globosa* （Turcz ex Fisch et C A Mey） Hayek

石板岩。路边、沟边、河边、荒野。

20. 蔊菜 *Rorippa indica* （L.） Hiern

路旁、田边、园圃、河边、屋边墙脚及山坡路旁等较潮湿处。

21. 沼生蔊菜（风花菜）*Rorippa palustris* （L.） Besser

石板岩。山沟、河边、田边、路旁等处。

22. 垂果大蒜芥 *Sisymbrium heteromallum* C. A. Mey

鲁班壑。山坡、路旁、沟边、林缘等处。

23. 全叶大蒜芥（黄花大蒜芥）*Sisymbrium luteum* （Maxim.） O.E.Schulz

有分布。海拔 1 000 m 以上的山坡草地及灌木丛中。

24. 蚓果芥 *Torularia humilis* （C. A. Meyer） Hedge & J. Léonard

太行天路、滑翔基地。山坡、路边，海拔 1 100 m。

25. 大花蚓果芥 *Torularia humilis* f. *grandiflora* O. E. Schulz

山坡林下。

26. 豆瓣菜 *Nasturtium officinale* R. Br.

落丝潭。水边。

27. 无瓣蔊菜 *Rorippa dubia* （Pers.） Hara

山坡路旁、山谷、河边湿地、园圃及田野较潮湿处。

（二十九）葫芦科 Cucurbitaceae

1. 盒子草 *Actinostemma tenerum* Griff

有分布。水边、草丛、河滩。

2. 假贝母 *Bolbostemma paniculatum* （Maxim） Franquct

有分布。山坡或平地。

3. 赤瓟 *Thladiantha dubia* Bunge

有分布。林下或草丛、村舍附近。

4. 栝楼 *Trichosanthes kirilowii* Maxim

山坡灌木丛中，或栽培。

5. 菜瓜（马泡瓜） *Cucumis melo* subsp. *agrestis* （Naudin） Pangalo

纪念馆。我国南北普遍栽培，逸为野生。

（三十）川续断科 Dipsacaceae

1. 日本续断 *Dipsacus japonicus* Miq

太行天路。路边草丛。

2. 华北蓝盆花 *Scabiosa tschiliensis* Griining

滑翔基地、贤马沟。山坡林下、路边草丛。

（三十一）柿树科 Ebenaceae

1. 柿树 *Diospyros kaki* Thunb

有栽培。

2. 君迁子 *Diospyros lotus* L.

习见。山沟、树林。

（三十二）胡颓子科 Elaeagnaceae

1. 牛奶子 *Elaeagnus umbellate* Thunb

山坡林下、路边草丛。

2. 中国沙棘 *Hippophae rhamnoides* subsp. *sinensis* Rousi

四方垴。山坡林下、路边草丛，海拔 1 400 m 以上。

（三十三）杜鹃花科 Ericaceae

1. 照山白 *Rhododendron micranthum* Turcz.

林下、路边、山顶。海拔 850 ～ 1 100 m。

（三十四）大戟科 Euphorbiaceae

1. 铁苋菜 *Acalypha australis* L.

山坡、水边。

2. 裂苞铁苋菜（短序铁苋菜）*Acalypha supera* Forssk

山坡林下。

3. 乳浆大戟（猫眼草）*Euphorbia esula* L.

路边、沟谷草丛。

4. 狼毒大戟 *Euphorbia fischeriana* Steud

滑翔基地。山坡、路边、山顶草地。海拔 1 100 m。

5. 泽漆 *Euphorbia helioscopia* L.

天平山。山谷、路边。

6. 地锦 *Euphorbia humifusa* Willd

石板岩、黄华寺。路边草丛。海拔 600 ～ 900 m。

7. 斑地锦 *Euphorbia maculata* L.

分水岭。路边草丛。海拔 400 m。

8. 通奶草 *Euphorbia hypericifolia* L.

分水岭。外地种逸生。路边草丛。

9. 甘遂 *Euphorbia kansui* Liou ex S. B. Ho

有分布。荒坡草地。

10. 大戟 *Euphorbia pekinensis* Boiss

山坡林下、山顶草地、路边草丛。海拔 1 100 ～ 1 200 m。

11. 钩腺大戟 *Euphorbia sieboldiana* Morr. et Decne.

有分布。山坡及林下草丛中。

12. 一叶萩（叶底珠）*Flueggea suffruticosa* （Pall） Baill

山坡、山沟石缝中。

13. 雀儿舌头 *Leptopus chinensis* （Bunge） Pojark

山顶、山坡。

14. 落萼叶下珠（弯曲叶下珠）*Phyllanthus flexuosus* （Sieb. et Zucc.） Muell. Arg

山坡林下。

15. 地构叶 *Speranskia tuberculata* （Bunge） Baill

山顶草地、路边林下。

16. 蓖麻 *Ricinus communis* L.

栽培或逸为野生。

17. 大戟 *Euphorbia pekinensis* Rupr.

生于山坡、灌丛、路旁、荒地、草丛、林缘和疏林内。

（三十五）壳斗科 Fagaceae

1. 板栗 *Castanea mollissima* Blume

桑园、纸坊、魏家庄等西部山坡。海拔 500 m 左右。

2. 麻栎橡树木 *Quercus acutissima* Carruth

有分布。山坡、山沟。海拔 1 000 m 以下。

3. 槲栎 *Quercus aliena* Blume

太行屋脊、车佛沟。路边、山坡林下。海拔 600 ～ 1 100 m。

4. 锐齿槲栎（锐齿栎）*Quercus aliena* var. *acutiserrata* Maxim ex Wenz

有分布。山坡。海拔 700 ～ 1 000 m。

5. 槲树 *Quercus dentate* Thunb

平板桥。山坡、路边。海拔 600 ～ 1 200 m。

6. 蒙古栎（辽东栎）*Quercus mongolica* Fisch. ex Ledeb

贤马沟、四方垴。山坡。海拔 900 ～ 1 300 m。

7. 枹栎 *Quercus serrata* Thunb

林中。海拔 1 100 ～ 1 200 m。

8. 栓皮栎 *Quercus variabilis* Blume

广布。沟谷、山坡。海拔 400 ～ 1 300 m。

9. 房山栎 *Quercus × fangshanensis* Liou

太行屋脊。沟谷、山坡。海拔 1 100 m。

（三十六）龙胆科 Gentianaceae

1. 大颈龙胆（苞叶龙胆）*Gentiana macrauchena* C Marquand

山坡。

2. 红花龙胆 *Gentiana rhodantha* Franch

太行屋脊。山坡林下、路边草丛。海拔 1 100 m。

3. 鳞叶龙胆 *Gentiana squarrosa* Ledeb

马鞍垴。山坡、山谷、路边及灌木丛中。海拔 1 100 m。

4. 灰绿龙胆 *Gentiana yokusai* Burkill

有分布。山坡草地。海拔约 1 100 m。

5. 扁蕾 *Gentianopsis barbata*（Froel） Ma

太行屋脊。山坡林下、路边草丛。海拔 1 100 m。

6. 肋柱花 *Lomatogonium carinthiacum*（Wulf.） Reichb

有分布。海拔约 1 300 m 的山坡草地、灌木丛、林下阴湿处。

7. 荇菜 *Nymphoides peltata*（S. G. Gmel） Kuntze

分水岭。池塘及静水中。

8. 翼萼蔓 *Pterygocalyx volubilis* Maxim

有分布。海拔 1 000 m 以下的山坡。

9. 北方獐牙菜 *Swertia diluta*（Turcz） Benth. et Hook. f.

大垴。山坡、林下。

（三十七）牻牛儿苗科 Geraniaceae

1. 牻牛儿苗 *Erodium stephanianum* Willd

有分布。山坡、路边草丛。

2. 粗根老鹳草（老鹳草）*Geranium dahuricum* DC

有分布。草地、林缘。

3. 毛蕊老鹳草 *Geranium platyanthum* Duthie

有分布。湿润林缘、灌木丛中。

4. 鼠掌老鹳草 *Geranium sibiricum* L.

墙缝中、路边草丛。

5. 老鹳草 *Geranium wilfordii* Maxim

山坡林下、路边草丛。

6. 灰背老鹳草 *Geranium wlassovianum* Fisch ex Link

路边草丛、山坡。

（三十八）苦苣苔科 Gesneriaceae

1. 旋朔苣苔 *Boea hygrometrica* （Bunge） R. Br.

谷文昌纪念馆、红旗渠景区。石壁上。500 ～ 1 000 m。

2. 珊瑚苣苔 *Corallodiscus lanuginosus* （Wall. ex A. DC.） B. L. Burtt

太极冰山。山坡阴湿的石崖壁上。

（三十九）胡桃科 Juglandaceae

1. 胡桃楸（野核桃）*Juglans mandshurica* Maxim

云峰寺、石板岩。山坡、梯田。

2. 胡桃 *Juglans regia* L.

天平山、石板岩。山坡、梯田。海拔 400 ～ 1 100 m。

3. 枫杨 *Pterocarya stenoptera* C. DC.

千瀑沟小碾以下河沟中分布较多。山沟溪旁、河滩潮湿处。

（四十）唇形科 Labiatae

1. 藿香 *Agastache rugosa* （Fisch et Mey） O. Ktze.

鲁班壑。山沟、村边、路旁。海拔 800 ～ 1 200 m。

2. 筋骨草 *Ajuga ciliata* Bunge

天平山。沟谷、草地。

3. 金疮小草 *Ajuga decumbens* Thunb

山坡林下、路边。

4. 线叶筋骨草 *Ajuga linearifolia* Panip

洪谷山。田边、草地。

5. 紫背金盘 *Ajuga nipponensis* Makino

山坡路边。

6. 水棘针 *Amethystea coerulea* L.

龙床沟。路边草丛。

7. 麻叶风轮菜（风车草）*Clinopodium urticifolium* C.Y.Wu et Hsuan ex H. W. Li

有分布。海拔 400 m 以上的山坡、河岸、路边、林中空地。

8. 香青兰 *Dracocephalum moldavica* L.

有分布。海拔 400 m 以上的干燥山坡、草地。

9. 毛建草 *Dracocephalum rupestre* Hance

四方垴、大垴。海拔 800 m 以上的草坡或疏林向阳处。

10. 香薷 *Elsholtzia ciliata* （Thunb.） Hyland.

习见。林下。

11. 野香草 *Elsholtzia cyprianii* （Pavolini） S. Chow ex P. S. Hsu

洪谷山。山坡林下、路边。海拔约 600 m。

12. 华北香薷（木香薷）*Elsholtzia stauntonii* Benth

车佛沟、太行天路。山坡林下、路边。

13. 活血丹 *Glcchoma longituba* （Nakai） Kuprian

有分布。林下。

14. 香茶菜 *Isodon amethystoides* （Benth） H. Hara

山坡林下。海拔 900 ~ 1 000 m。

15. 鄂西香茶菜 *Isodon henryi* （Hemsl） Kudo

有分布。山坡林下。

16. 蓝萼毛叶香茶菜 *Isodon japonicus* var. *glaucocalyx* （Maximowicz） H. W. Li

龙床沟。山沟、坡地。海拔约 800 m。

17. 碎米桠（冬凌草）*Isodon rubescens* （Hemsl） H. Hara

太行平湖、红旗渠景区。山沟。

18. 溪黄草 *Isodon serra* （Maxim） Kudo

有分布。路边林下。

19. 内折香茶菜 *Isodon inflexus* （Thunberg） Kudo

天平山。沟谷。海拔 700 m。

20. 夏至草 *Lagopsis supina* （Steph. ex Willd.） Ik.-Gal. ex Knorr.

天平山、黄华寺。路边、村边、荒地。

21. 宝盖草 *Lamium amplexicaule* L.

天平山、黄华寺。田边、果园、山坡和山谷草地。

22. 野芝麻 *Lamium barbatum* Sieb. et Zucc.

四方垴、天平山。路边、荒地。

23. 益母草 *Leonurus japonicus* Houtt

桑园、田家沟、石板岩等。山坡林下、荒地。海拔 400 ~ 1 000 m。

24. 大花益母草 *Leonurus macranthus* Maxim

山坡林下、坡地。

25. 錾菜（白花益母草）*Leonurus pseudo-macranthus* Kitag.

滑翔基地。山坡。

26. 细叶益母草 *Leonurus sibiricus* L.

有分布。海拔 1 300 m 以下的山坡草地及松林中。

27. 地笋（地瓜儿苗）*Lycopus lucidus* Turcz ex Benth

仙霞谷。水边、沟边潮湿处。

28. 薄荷 *Mentha canadensis* L.

石板岩。山坡、林下、水池边、山沟湿地。有栽培。

29. 石荠苎 *Mosla scabra* （Thunb）C. Y. Wu et H.W.Li

有分布。海拔 500 ～ 1 500 m 的山坡、灌木丛或水边。

30. 荆芥 *Nepeta cataria* L.

有分布。海拔 600 m 以上的山坡、山谷草丛及林下。

31. 紫苏 *Perilla frutescens* （L.）Britt.

天平山。水边草丛。

32. 糙苏 *Phlomis umbrosa* Turcz.

大垴、四方垴。山坡林下、山沟水边。

33. 夏枯草 *Prunella vulgaris* L.

路边。海拔 660 ～ 670 m。

34. 丹参 *Salvia miltiorrhiza* Bunge

贤马沟、三亩地。山坡、沟谷。

35. 荔枝草 *Salvia plebeian* R. Br.

天平山、石板岩。山坡林下、沟谷。

36. 荫生鼠尾草 *Salvia umbratica* Hance

太行屋脊。山坡林下。

37. 黄芩 *Scutellaria baicalensis* Georgi

马鞍垴。山坡林下、路边、山坡草地。

38. 莸状黄芩 *Scutellaria caryopteroides* Hand.-Mazz

有分布。山坡路边。

39. 京黄芩 *Scutellaria pekinensis* Maxim

太行屋脊。山坡。

40. 并头黄芩 *Scutellaria scordifolia* Fisch ex Schrank

滑翔基地。山坡草地或草甸。

41. 水苏 *Stachys japonica* Miq.

水沟和河旁湿地。

42. 百里香 *Thymus mongolicus* （Ronn）Ronn

水边草丛。

（四十一）胡麻科（芝麻科）Pedaliaceae

1. 芝麻（胡麻）*Sesamum indicum* L.

栽培。

（四十二）木通科 Lardizabalaceae

1. 三叶木通 *Akebia trifoliata* （Thunb）Koidz

山坡林下、沟谷。海拔 500 ～ 1 000 m。

（四十三）豆科 Leguminosae

1. 合欢 *Albizia julibrissin* Durazz

栽培。

2. 山槐 *Albizia kalkora* （Roxb） Prain

洪谷山。山坡林下。

3. 两型豆 *Amphicarpaea edgexvorthii* Benth

天平山、红旗渠景区。路边林下。

4. 鸡峰山黄蓍 *Astragalus kifonsanicus* Ulbr

山顶草地。

5. 草木樨状黄蓍 *Astragalus melilotoides* Pall

太行天路、红旗渠景区。山顶草地、林下。海拔 700 ～ 1 100 m。

6. 糙叶黄蓍 *Astragalus scaberrimus* Bunge

有分布。山坡、草地。

7. 杭子梢 *Campylottvpis macmcarpa* （Bunge） Rehder

四方垴、天平山等。山坡、林缘习见。

8. 树锦鸡儿 *Caragana arborescens* Lam

四方垴。山坡疏林中。

9. 毛掌叶锦鸡儿 *Caragana leveillei* Kom

太行屋脊。山坡向阳处。

10. 小叶锦鸡儿 *Caragana microphylla* Lam

有分布。山顶草地。

11. 北京锦鸡儿 *Caragana pekinensis* Korn

有分布。向阳山坡处。

12. 红花锦鸡儿 *Caragana rosea* Turcz. ex Maxim.

天路、红旗渠景区。山谷。

13. 锦鸡儿 *Caragana sinica* （Buc' hoz） Rehd.

有分布。向阳山坡沟边。

14. 柄荚锦鸡儿 *Caragana stipitata* Kom

天路。山坡林下。

15. 紫荆 *Cercis chinensis* Bunge

分水岭、红旗渠景区。栽培。

16. 野皂荚 *Gleditsia microphylla* Gordon ex Y. T. Lee

青年洞、分水岭。山坡林下。海拔 400 ～ 700 m。

17. 野大豆 *Glycine soja* Sieb et Zucc.

山坡、林下、路边草丛。

18. 太行米口袋 *Gueldenstaedtia taihangensis* H. B. Tsui

太行隧洞。山沟石壁、山坡路边。海拔 800 m。

19. 少花米口袋 *Gueldenstaedtia venia* （Georgi） Boriss

青年洞、高家台。路边、草地。海拔 600 ～ 1 000 m。

20. 华北岩黄芪 *Hedysarum gmelinii* Ledeb

山坡草地或林缘。

21. 红花岩黄芪 *Hedysarum multijugum* Maxim

山坡草地或山沟林缘。

22. 拟蚕豆岩黄芪 *Hedysarum vicioides* Turcz

山坡或林缘。

23. 山岩黄芪 *Hedysarum alpinum* L.

四方垴。山坡或林缘。海拔 1 300 m。

24. 长柄山蚂蝗 *Hylodesmum podocarpum* （Candolle） H. Ohashi & R. R. Mill

福兴寺、石板岩。路边林下。海拔 500 ～ 900 m。

25. 宽卵叶长柄山蚂蝗 *Hylodesmum podocarpum* subsp. *fallax* （Schindler） H. Ohashi & R. R. Mill

石板岩。山谷。

26. 多花木蓝 *Indigofera amblyantha* Craib

有分布。山坡木丛或疏林中。

27. 河北木蓝 *Indigofera bungeana* Walp.

高家台、天平山、红旗渠景区等。山坡。海拔 900 m。

28. 马棘 *Indigofera pseudotinctoria* Matsum

山坡林下、路边林下、路边草地。

29. 长萼鸡眼草 *Kummemwia stipulacea* （Maxim） Makino

路边空地。

30. 鸡眼草（掐不齐）*Kummemwia striata* （Thunb） Schindl

山坡、路旁、田间。

31. 胡枝子 *Lespedeza bicolor* Turcz.

路边草丛。

32. 绿叶胡枝子 *Lespedeza buergeri* Miq.

天平山。山坡灌木丛中或疏林下。

33. 截叶铁扫帚 *Lespedeza cuneata* （Dum Cours） G. Don

青年洞。山顶草地、山坡林下、路边草地。

34. 短梗胡枝子（圆叶胡枝子）*Lespedeza cyrtobotrya* Miq.

天平山、四方垴。干旱山坡、灌木丛或杂木林中。

35. 兴安胡枝子 *Lespedeza davurica* （Laxm） Schindl

天平山、洪谷山、红旗渠景区。路边草地，海拔 400 ～ 1 000 m。

36. 多花胡枝子 *Lespedeza floribunda* Bunge

滑翔基地。山坡林缘、路边草地、石壁上，海拔 600 ～ 1 200 m。

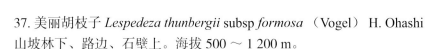

37. 美丽胡枝子 *Lespedeza thunbergii* subsp *formosa* （Vogel） H. Ohashi

山坡林下、路边、石壁上。海拔 500 ～ 1 200 m。

38. 山豆花（毛胡枝子） *Lespedeza tomentosa* （Thunb） Sieb ex Maxim

太行屋脊。山坡灌木丛中、林缘或疏林中。

39. 细梗胡枝子 *Lespedeza virgata* （Thunb） DC.

福兴寺、潘家沟。山坡灌木丛及杂木林中。

40. 野苜蓿 *Medicago falcate* L.

有分布。山坡草地。

41. 天蓝苜蓿 *Medicago lupulina* L.

马鞍垴、天平山。山坡、沟谷草丛。

42. 小苜蓿 *Medicago minima* （L.） Bartal

有分布。荒坡、沙地、田间。

43. 花苜蓿 *Medicago ruthenica* （L.） Trautv

滑翔基地。荒地、山坡。

44. 紫苜蓿 *Medicago sativa* L.

山顶草地、路边。

45. 印度草木樨 *Melilotus indicus* （L.） All

有分布。山坡林缘、路边、草地。

46. 草木樨 *Melilotus officinalis* （L.） Lam

山坡林下。

47. 白花草木樨 *Melilotus albus* Desr.

有分布。山坡林缘、路边。

48. 地角儿苗（二色棘豆） *Oxytropis bicolor* Bunge

有分布。山坡路边。

49. 硬毛棘豆 *Oxytropis hirta* Bunge

有分布。山坡石缝中或草丛中。

50. 山泡泡（薄叶棘豆） *Oxytropis leptophylla* （Pall） DC.

有分布。向阳山坡。

51. 黄毛棘豆 *Oxytropis ochrantha* Turcz.

大垴。山坡路边。

52. 砂珍棘豆 *Oxytropis racemosa* Turcz.

有分布。路边。

53. 蔓黄芪（背扁膨果豆） *Phyllolobium chinense* Fisch. ex DC.

有分布。路边草丛。

54. 葛 *Pueraria Montana* （Lour） Merr.

天平山、洪谷山。山坡林下、路边。常见。

55. 白刺花 *Sophora davidii* （Franch） Skeels

太行天路。路边草丛。

56. 苦参 *Sophora flavescens* Aiton

马鞍垴、大垴。山坡林下、林缘。

57. 槐 *Sophora japonica* L.

沟谷、庭院。常见栽培。

58. 绛车轴草 *Trifolium incarnatum* L.

路边。栽培。

59. 白车轴草 *Trifolium repens* L.

路边。栽培。

60. 山野豌豆 *Vicia amoena* Fisch. ex DC.

大垴。路边草丛。

61. 大花野豌豆（三齿萼野豌豆）*Vicia bungei* Ohwi

广布。路边、草丛、荒地。

62. 广布野豌豆（草藤、野扁豆、细叶落豆秧）*Vicia cracca* L.

山坡草地、田边、路旁或灌木丛中。

63. 确山野豌豆 *Vicia kioshanica* Bailey

益伏口、马鞍垴。山坡林缘、草地。

64. 大叶野豌豆（假香野豌豆）*Vicia pseudo-orobus* Fischer & C. A. Meyer

路边草丛。海拔 1 100 ～ 1 200 m。

65. 救荒野豌豆（大巢菜）*Vicia sativa* L.

有分布。荒地、山坡草地、灌木丛中。

66. 大野豌豆 *Vicia sinogigantea* B. J. Bao et Turland

天平山、滑翔基地。山坡、山顶草地、路边。海拔 600 ～ 1 100 m。

67. 歪头菜 *Vicia unijuga* A. Braun

四方垴、老祖庙。山坡林下、路边。

68. 大山黧豆 *Lathyrus davidii* Hance

天平山。山谷。海拔 800 m。

69. 豆茶决明 *Chamaecrista nomame* （Makino） H. Ohashi

福兴寺。路边草丛。

70. 藤萝 *Wisteria villosa* Rehd.

车佛沟。山坡。

71. 紫穗槐 *Amorpha fruticosa* L.

分水岭有栽培。

72. 刺槐 *Robinia pseudoacacia* L.

分水岭。栽培或野生。

73. 皂角 *Gleditsia sinensis* Lam.

常栽培于庭院或宅旁。

74. 斜茎黄耆（沙打旺）*Astragalus laxmannii* Jacquin

向阳山坡灌丛及林缘地带。

75. 尖叶铁扫帚 *Lespedeza juncea* （L. f.） Pers.

生于海拔 1 500 m 以下的山坡灌丛间。

76. 达乌里黄耆 *Astragalus dahuricus* （Pall.） DC.

生于海拔 500 m 以上的山坡和河滩草地。

77. 小巢菜 *Vicia hirsuta* （L.） S. F. Gray

山沟、河滩、田边或路旁草丛。

78. 决明 *Senna tora* （Linnaeus） Roxburgh

福兴寺。路边草丛。海拔 500 m。

（四十四）亚麻科 Linaceae

1. 野亚麻 *Linum stelleroides* Planch

四方垴。山顶草地、路边草地。

（四十五）桑寄生科 Loranthaceae

1. 槲寄生（桑寄生） *Viscum coloratum* （Kom） Nakai

大垴有分布。常寄生于楝树、榆树、桦树、杨树上。

（四十六）千屈菜科 Lythraceae

1. 千屈菜 *Lythrum salicaria* L.

石板岩。水池边。

2. 耳基水苋 *Ammannia auriculata* Willdenow

常生于湿地。

（四十七）木兰科 Magnoliaceae

1. 华中五味子（南五味子） *Schisandra sphenanthera* Rehd. et Wils.

四方垴。山沟或山坡湿润的杂木林中。海拔 1 000 m。

2. 五味子 *Schisandra chinensis* （Turcz） Baill

太极冰山。山坡林下。海拔 1 200 m。

（四十八）锦葵科 Malvaceae

1. 苘麻 *Abutilon theophrasti* Medik

石板岩。路边。海拔 800 m。

2. 野西瓜苗 *Hibiscus trionum* L.

三亩地。山坡林下。

3. 圆叶锦葵 *Malva pusilia* Sm

石板岩、王相岩。山坡林下。

4. 野葵 *Malva verticillata* L.

天平山。山坡。海拔 1 200 m。

5. 蜀葵 *Alcea rosea* L.

石板岩。路边栽培。

6. 木槿 *Hibiscus syriacus* L.

分水岭。栽培。

7. 陆地棉 *Gossypium hirsutum* L.

广泛栽培。

（四十九）楝科 Meliaceae

1. 楝树 *Melia azedarach* L.

多栽培。山坡林下。

2. 香椿 *Toona sinensis* （A. Juss） M. Roem

有栽培或野生。

（五十）防己科 Menispermaceae

1. 木防己（青藤）*Cocculus orbiculatus* （L.） DC.

向阳山坡、路旁、灌木丛中。

2. 蝙蝠葛 *Menispermum dauricum* DC.

广布。山沟坡地。海拔 500 ～ 1 000 m。

3. 防己 *Sinomenium acutum* （Thunb） Rehder et E. H. Wilson

有分布。山坡路旁、林缘。

（五十一）桑科 Moraceae

1. 构树 *Broussonetia papyrifera* （L.） L' Her ex Vent

有分布。山坡林下、路边。海拔约 471 m。

2. 大麻 *Cannabis saliva* L.

太行屋脊，栽培或逸生。路边草丛。

3. 葎草 *Humulus scandens* （Lour） Meir

分水岭、福兴寺。山坡林下、路边草丛中。海拔 400 ～ 600 m。

4. 柘树（柘桑）*Maclura tricuspidata* Carriere

天平山。向阳山坡和灌木丛中，海拔 500 m。

5. 桑 *Morus alba* L.

分水岭、天平山。山坡林下、山沟。海拔 400 ～ 900 m。

6. 鸡桑 *Morus australis* Poir.

有分布。山坡、岩壁上。

7. 华桑（葫芦桑）*Morus cathayana* Hemsl

有分布。向阳山坡、沟旁或杂木林中。

8. 蒙桑 *Morus mongolica* （Bureau） Schneid.

有分布。向阳山坡或疏林中。

（五十二）紫茉莉科 Nyctaginaceae

1. 紫茉莉 *Mirabilis Jalapa* L.

栽培，有时逸为野生。外来物种。

（五十三）睡莲科 Nymphaeaceae

1. 莲（荷花）*Nelumbo nucifera* Gaertn

分水岭有栽培。生于池塘中。

2. 睡莲 *Nymphaea tetragona* Georgi

分水岭有栽培。生于池塘中。

3. 黄睡莲 *Nymphaea mexicana* Zucc.

分水岭有栽培。生于池塘中。

（五十四）木樨科 Oleaceae

1. 流苏树 *Chionanthus retusus* Lindl et Paxton

石板岩、天平山。山坡林下、路边、山坡沟中。

2. 连翘 *Forsythia suspensa* （Thunb） Vahl

广布。山坡林下、路边。海拔约 600 m 以上。

3. 小叶白蜡树（小叶梣）*Fraxinus bungeana* A. DC.

太行天路、马鞍垴。山坡疏林中。

4. 白蜡树 *Fraxinus chinensis* Roxb

太极冰山。山坡、山谷杂木林中。

5. 迎春花 *Jasminum midiflorum* Lindl

有栽培。

6. 女贞 *Ligustrum lucidum* Ait.

分水岭。路边。栽培。海拔 430 m。

7. 小叶丁香 *Syringa pubescens* subsp *microphylla* M. C .Chang et X. L. Chen

山沟、山顶。海拔 500 ～ 1 100 m。

8. 暴马丁香 *Syringa reticulata* subsp *aniurensis* P. S. Green et M .C .Chang

山坡林下、路边。海拔 900 ～ 1 100 m。

9. 北京丁香 *Syringa reticulata* subsp. *pekinensis* P.S.Green et M.C. Chang

四方垴。山坡林下、路边。

10. 巧玲花 *Syringa pubescens* Turcz.

大垴。山坡、林缘。海拔 1 300 m。

11. 紫丁香 *Syringa oblata* Lindl.

分水岭有栽培。海拔 430 m。

12. 洋白蜡 *Fraxinus pennsylvanica* Marsh.

分水岭有栽培。海拔 430 m。

（五十五）柳叶菜科 Onagraceae

1. 露珠草（曲毛露珠草）*Circaea cordata* Royle

天平山。山沟、山坡路边、林下草丛中。海拔 800 m。

2. 南方露珠草 *Circaea mollis* Sieb. et Zucc.

岩石下、坡地。海拔 1 100 ～ 1 200 m。

3. 高山露珠草 *Circaea alpina*

四方垴。海拔约 1 200 m。

4. 小花柳叶菜 *Epilobium parviflorum* Schreb

石板岩、鲁班壑。山谷。

5. 柳叶菜 *Epilobium hirsutum* L.

龙床沟。河谷、溪流河床沙地或石砾地或沟边向阳湿处，也生于灌丛、荒坡、路旁，常成片生长。海拔约 1 000 m。

6. 小花山桃草 *Gaura parviflora* Douglas ex Lehm

天平山。路边。海拔约 500 m。

7. 月见草 *Oenothera biennis* L.

石板岩。栽培。

（五十六）列当科 Orobanchaceae

1. 列当 *Orobanche coerulescens* Stephan

有分布。山坡草地、沙丘，寄生在蒿属植物的根上。

（五十七）酢浆草科 Oxalidaceae

1. 酢浆草 *Oxalis corniculata* L.

广布。山坡、路旁。海拔 400 ～ 800 m。

2. 直酢浆草 *Oxalis stricta* L.

有分布。山沟、路旁。海拔 400 ～ 800 m。

3. 红花酢浆草 *Oxalis corymbosa* DC.

分水岭栽培。

（五十八）罂粟科 Papaveraceae

1. 白屈菜 *Chelidonium majus* L.

鲁班壑、天平山。山坡草地、路旁。海拔 600 ～ 1 000 m。

2. 地丁草 *Corydalis bungeana* Turcz.

有分布。山沟、溪旁、田间、草地、疏林。

3. 紫堇 *Corydalis edulis* Maxim.

滑翔基地。山坡林下、路旁，海拔 1 100 m。

4. 土元胡 *Corydalis huinosa* Migo

仙台山。山坡林下。

5. 小药八旦子 *Corydalis caudate* （Lam.）Pers.

天平山。阴坡、林下。

6. 黄堇 *Corydalis pallid* （Thunb.）Pers.

有分布。山沟、岩壁上。

7. 小花黄堇 *Corydalis racemosa* （Thunb.）Pers.

鲁班壑、大垴、太行屋脊。山坡林下习见。海拔 400 ～ 1 300 m。

8. 房山紫堇 *Corydalis fangshanensis* W. T. Wang ex S. Y. He

王相岩。多生于峭壁之上。

9. 秃疮花 *Dicranostigma leptopodum* （Maxim.）Fecdde

习见。山坡、路边、荒地、沟岸。

10. 荷青花 *Hylomecon japonica* （Thunb.）Prantl et Kundig

山地林下、林边及沟旁。

11. 角茴香（咽喉草）*Hypecoum erectum* L.

干燥荒地、沙地、路旁、沟边。

12. 细果角茴香（中国角茴香）*Hypecoum leptocarpum* Hook. f. et Thomson

有分布。沟边、路旁。

13. 博落回 *Macleaya cordata* （Willd.） R. Br.

广布。山坡、草丛、路边、荒地。海拔 400 ～ 1 300 m。

14. 小果博落回 *Macleaya microcarpa* （Maxim.） Fedde

广布。山坡、草丛、路边、荒地。海拔 400 ～ 1 300 m。

（五十九）透骨草科 Phrymaceae

1. 透骨草 *Phrynui leptostachya* L. subsp. *asiatica* （H. Hara） Kitam.

广布。山坡林下阴湿处。海拔 500 ～ 1 300 m。

（六十）商陆科 Phytolaccaceae

1. 商陆 *Phytolacca acinosa* Roxb.

鲁班壑、车佛沟。山沟、水边、路边。海拔 300 ～ 800 m。

2. 垂序商陆 *Phytolacca americana* L.

天平山、石板岩。山沟、田边、路边。

（六十一）车前科 Plantaginaceae

1. 车前 *Plantago asiatica* L.

广布。山坡林下、路边、荒地。

2. 平车前 *Plantago depressa* Willd.

太行隧洞、太行屋脊。山坡、路边、山沟。海拔 400 ～ 1 100 m。

3. 大车前 *Plantago major* L.

有分布。山坡、水边。

（六十二）白花丹科（蓝雪科）Plumbaginaceae

1. 二色补血草 *Limonium bicolor* （Bunge） Kuntze

有分布。旷地、地边、沟边、道旁及河床地。

（六十三）远志科 Polygalaceae

1. 瓜子金 *Polygala japonical* Houtt.

有分布。水边沙滩。

2. 西伯利亚远志 *Polygala sibirica* L.

山坡林下、山顶草地。

3. 小远志 *Polygala tatarinowii* Regel

有分布。山坡草地。

4. 远志 *Polygala tenuifolia* Willd.

有分布。山坡林下、草地。

（六十四）蓼科 Polygonaceae

1. 金线草 *Antenoron filiforme* （Thunb.） Roberty et Vautier

有分布。山坡林缘、沟边、溪旁。

2. 蔓首乌（卷茎蓼）*Fallopia convolvulus* （L.） A. Love

有分布。海拔 1 300 m 以下的山坡、草地或田间。

3. 齿翅首乌（齿翅蓼）*Fallopia dentcitoalata* （F. Schmidt） Holub

有分布。山坡。

4. 何首乌 *Fallopia multiflora* （Thunb.） Haraldson

林下、路边草丛中。

5. 两栖蓼 *Polygonum amphibium* L.

有分布。陆生或生于池塘或河流的浅水中。

6. 萹蓄 *Polygonum aviculare* L.

广布。山坡林下、水边草地、路边。

7. 拳参 *Polygonum bistorta* L.

有分布。山坡草丛或林间草甸。

8. 稀花蓼 *Polygonum dissitiflorum* Hemsl.

有分布。山谷林下阴湿处。

9. 水蓼 *Polygonum hydropiper* L.

山坡水边。习见。

10. 酸模叶蓼（节蓼）*Polygonum lapathifolium* L.

分布广泛。山坡林下、水中、水边草地。

11. 长鬃蓼 *Polygonum longisetum* Bruijn

山坡水边、路边、草地。海拔 380 ～ 700 m。

12. 长戟叶蓼 *Polygonum maackianum* Regel

有分布。山谷、溪旁潮湿地方。

13. 尼泊尔蓼（头状蓼）*Polygonum nepalense* Meisn.

太行平湖、车佛沟。山坡林下、路边草地。海拔 500 ～ 1 200 m。

14. 荭草 *Polygonum orientate* L.

有分布。村边、路边。

15. 杠板归（贯叶蓼）*Polygonum perfoliatum* （L.） L.

有分布。山谷灌木丛中或溪旁、路边。

16. 习见蓼（小萹蓄）*Polygonum plebeium* R. Br.

有分布。田边、荒地、旷野、路旁。

17. 丛枝蓼 *Polygonum posumbu* Buch.-Ham. ex D. Don

天平山。河沟中。

18. 刺蓼 *Polygonum scnticosum* （Meisn.） Franch. et Sav.

有分布。沟边、路旁及山谷、灌木丛中。

19. 箭叶蓼 *Polygonum sagittatum* L.

有分布。山谷水边。

20. 支柱蓼 *Polygonum suffultum* Maxim.

太极冰山。山坡林下。海拔 1 200 m。

21. 粘毛蓼 *Polygonum viscosum* Buch.-Ham.ex D. Don

有分布。山沟水边、路旁湿地。

22. 珠芽蓼 *Polygonum viviparum* L.

有分布。海拔 1 000 m 以上的沟边或林下阴湿地方。

23. 红药子（翼蓼）*Pteroxygonum giraldii* Dammer et Diels

太行屋脊、石板岩、苍龙山。山沟、溪旁、林下、灌木丛中。

24. 波叶大黄（华北大黄）*Rheum rhabarbarum* L.

滑翔基地有分布。生于山谷杂木林中或山坡。

25. 酸模 *Rumex acetosa* L.

有分布。山沟溪旁、林缘潮湿处。

26. 小酸模 *Rumex acetosella* L.

有分布。山坡灌木丛中、山沟溪旁、林缘潮湿地方。

27. 黑龙江酸模（阿穆尔酸模）*Rumex amurensis* F. Schmidt ex Maxim.

有分布。山沟、河边湿地。

28. 皱叶酸模 *Rumex crispus* L.

鲁班壑。山谷沟底、路边草丛中。海拔 700 m。

29. 齿果酸模 *Rumex dentatus* L.

广布。村边、田边、路边、水边草丛中。海拔 400 ～ 1 000 m。

30. 尼泊尔酸模 *Rumex nepalensis* Spreng.

有分布。山谷溪旁、路边、渠边潮湿地。

31. 巴天酸模 *Rumex patientia* L.

山坡路旁、山沟水旁潮湿地方。

32. 虎杖 *Reynoutria japonica* Houtt.

白岩寺。栽培或逸为野生。

33. 戟叶蓼 *Polygonum thunbergii* Sieb. et Zucc.

山谷湿地、山坡草丛。

（六十五）马齿苋科 Portulacaceae

1. 马齿苋 *Portulaca olevacea* L.

广布。村边、路旁、田边、菜地。

（六十六）报春花科 Primulaceae

1. 点地梅 *Androsace umbellate* （Lour.） Merr.

山坡林下、路边草丛。海拔 400 ～ 1 000 m。

2. 河北假报春 *Cortusa matthioli* L. subsp. *Pekinensis* （V. A. Richt） Kitag.

有分布。海拔约 1 200 m 的山坡林下。

3. 狼尾花 *Lysimachia barystachys* Bung

滑翔基地、太行天路。山顶草地。海拔约 1 200 m。

4. 矮桃（珍珠菜）*Lysimachia clethroides* Duby

有分布。路旁及草坡。

5. 黑腺珍珠菜 *Lysimachia heterogenea* Klatt

有分布。山坡。

6. 小叶珍珠菜 *Lysimachia parvifolia* Franch.

有分布。路边草丛中。

7. 狭叶珍珠菜 *Lysimachia pentapetala* Bunge

广布。山坡林下、路边。海拔 400 ～ 1 300 m。

8. 齿萼报春 *Primula odontocalyx* （Franch.） Pax

山沟湿润石壁上。海拔约 900 m 以上。

9. 散布报春 *Primula conspersa* Balf. F. et Purdom

高家台、天平山、龙床沟。水边、阴湿岩壁。海拔 500 ～ 1 300 m。

10. 岩生报春 *Primula saxatilis* Kom.

太极冰山。林下或岩石缝。海拔 1 300 m。

（六十七）鹿蹄草科 Pyrolaceae

1. 鹿蹄草 *Pyrola calliantha* Andres

有分布。海拔 1 000 m 以上的山坡林下。

（六十八）毛茛科 Ranunculaceae

1. 牛扁 *Aconitum barbatum* Pers. var. *puberulum* Ledeb.

四方垴。山坡林下。

2. 乌头 *Aconitum carmichaelii* Debeaux

四方垴。向阳处或灌木丛中。

3. 高乌头 *Aconitum sinomontanum* Nakai

有分布。山谷溪旁、山坡林下。

4. 北乌头 *Aconitum kusnezoffii* Reichb.

四方垴。山坡林下。海拔 1 300 m。

5. 类叶升麻 *Actaea asiatica* H. Hara

有分布。山沟林中阴湿处。

6. 毛蕊银莲花 *Anemone cathayensis* Kitag. var. *hispida* Tamura

有分布。海拔 1 000 m 以上的山坡草地。

7. 大火草 *Anemone tomentosa* （Maxim.） C. Pei

广布。山坡林下、路边、草丛。海拔约 800 m 以上。

8. 无距耧斗菜 *Aquilegia ecalcarata* Maxim.

有分布。海拔 1 000 m 以上的林缘和灌木丛中。

9. 紫花耧斗菜 *Aquilegia viridiflora* var. *atropurpurea* Finet et Gagnep.

有分布。山谷。

10. 华北耧斗菜 *Aquilegia yabeana* Kitag.

太行天路、大垴。山坡、路边草地、山沟。

11. 驴蹄草 *Caltha palustris* L.

有分布。山谷溪旁、林下阴湿处。海拔约 1 000 m。

12. 金龟草（小升麻、三叶升麻）*Cimicifuga ocarina* （Sieb. et Zucc.） Tanaka

四方垴有分布。山地林下、林边及路旁。

13. 升麻 *Cimicifuga foetida* L.

朝阳村。山坡林下、沟谷湿地。海拔约 1 200 m。

14. 无裂槭叶铁线莲 *Clematis acerifolia* Maxim. var. *elobala* S. X. Yan

岩壁阳面、石缝中。

15. 钝齿铁线莲（粗齿铁线莲）*Clematis apiifolia* var. *argentilucida* W. T. Wang

天平山、黄华寺、龙床沟。山坡林下。海拔 400 ～ 1 200 m。

16. 短尾铁线莲 *Clematis brevicauclata* DC.

广布。山坡、路边草丛。海拔约 400 m 以上。

17. 山木通 *Clematis finetiana* H. Lev. et Vaniot

有分布。林下。

18. 大叶铁线莲 *Clematis heracleifolia* DC.

广布。山坡林下、沟谷、路边草丛中。海拔 600 m 以上。

19. 棉团铁线莲（山蓼）*Clematis hexapetala* Pall.

有分布。山坡林缘、草地、灌木丛中。

20. 长冬草 *Clematis hexapetala* Pall. var. *tchefouensis* （Debeaux） S. Y. Hu

有分布。路边草丛。

21. 太行铁线莲（吉氏铁线莲）*Clematis kirilowii* Maxim.

广布。山坡、草地、林下、路旁。海拔 400 ～ 1 500 m。

22. 毛蕊铁线莲 *Clematis lasiandra* Maxim.

有分布。山沟。

23. 光柱铁线莲（长柱铁线莲）*Clematis longistyla* Hand.-Mazz.

山坡林下、山沟。

24. 大瓣铁线莲 *Clematis macropetala* Ledeb.

有分布。山坡林下及石缝中。

25. 山铁线莲 *Clematis Montana* Buch.-Ham. ex DC.

山坡林下。

26. 秦岭铁线莲 *Clematis obscura* Maxim.

山坡林下。

27. 钝萼铁线莲 *Clematis peterae* Hand.-Mazz.

山顶草地、山坡林下。

28. 翠雀 *Delphinium grandiflorum* L.

天平山。山沟。

29. 草芍药 *Paeonia obovata* Maxim.

有分布。林下、林缘及灌木丛中。

30. 白头翁 *Pulsatilla chinensis* （Bunge） Regel

滑翔基地、马鞍垴。山坡、草地。海拔约 1 100 m。

31. 茴茴蒜 *Ranunculus chinensis* Bunge

天平山、石板岩。山沟、水边、路边。海拔 400 ～ 1 100 m。

32. 假酸毛茛（毛茛）*Ranunculus japonicus* Thunb. var. *propinquus* W. T. Wang

山沟、溪旁。

33. 毛茛 *Ranunculus japonicus* Thunb.

田沟旁和林缘路边的湿草地。

34. 天葵 *Semiaquilegia adoxoides* （DC.） Makino

有分布。沟旁、溪旁及林下阴湿处。

35. 贝加尔唐松草 *Thalictrum baicalense* Turcz ex Ledeb.

山坡草地、林缘、向阳山坡等处。

36. 河南唐松草 *Thalictrum honanense* W. T. Wang et S. H. Wang

路边林下。海拔 850 ～ 1 200 m。

37. 东亚唐松草（秋唐松草）*Thalictrum minus* L. var. *hypoleucum* Miq.

有分布。山坡林下、山沟、石壁上。海拔 1 100 ～ 1 200 m。

38. 瓣蕊唐松草 *Thalictrum petaloideum* L.

大垴、四方垴。山沟坡地、山坡林下。海拔约 1 000 m。

39. 展枝唐松草 *Thalictrum squarrosum* Stephan ex Willd.

有分布。路边草地。海拔 850 ～ 950 m。

40. 石龙芮 *Ranunculus sceleratus* L.

生于河沟边及湿地。

（六十九）鼠李科 Rhamnaceae

1. 多花勾儿茶 *Berchemia flonbunda* （Wall.） Brongn.

有分布。山坡林下。

2. 勾儿茶 *Berchemia sinica* C. K. Schneid.

有分布。山坡路边。海拔 457 ～ 1 100 m。

3. 北枳椇 *Hovenia dulcis* Thunb.

有分布。山顶、树林中、路边。

4. 卵叶猫乳 *Rhamnella franguloides* （Maxim.） Weberb.

山坡林下。

5. 锐齿鼠李 *Rhamnus arguta* Maxim.

贤马沟、大垴。山坡林下、岩壁。海拔 1 000 ～ 1 300 m。

6. 卵叶鼠李 *Rhamnus bungeana* J. J. Vassil.

广布。山坡、草丛、杂灌林中。海拔 400 m 以上。

7. 鼠李 *Rhamnus davurica* Pall.

石板岩、鲁班壑有分布。山坡灌木丛或疏林中。

8. 圆叶鼠李 *Rhamnus globosa* Bunge

鲁班壑、观霖沟。山坡灌木丛或疏林中。

9. 小叶鼠李 *Rhamnus parvifolia* Bunge

石板岩、大垴。路边、林下、山沟、山坡，海拔 500 ～ 1 100 m。

10. 少脉雀梅藤 *Sageretia paucicostata* Maxim.

四方垴、大垴、太行天路。路边林下、山坡。海拔 900 ～ 1 500 m。

11. 对结刺 *Sageretia pycnophylla* C. K. Schneid.

山坡林下、岩壁。海拔 290 ～ 1 200 m。

12. 酸枣 *Ziziphus jujube* Mill. var. *spinosa* （Bunge） Hu ex H. F. Chow

广布，山坡、路旁。海拔 1 000 m 以下。

（七十）蔷薇科 Rosaceae

1. 龙牙草 *Agrimonia pilosa* Ledeb.

鲁班壑、黄华寺山坡林下、路边。海拔 500 ～ 1 200 m。

2. 山桃 *Amygdalus davidiana* （Carriere） de Vos ex Henry

广布。山坡、山顶杂木林中。海拔 400 m 以上。

3. 桃 *Amygdalus persica* L.

有栽培。

4. 杏 *Armeniaca vulgaris* Lam.

有栽培。

5. 野杏（山杏）*Armeniaca vulgaris* Lam. var. *ansu* T.T.Yu et L.T.Lu

广布。山坡或疏林中。海拔 400 m 以上。

6. 假升麻 *Aruncus sylvester* KosteL ex Maxim.

有分布。海拔约 1 000 m 以上的山坡或山谷林下。

7. 欧李 *Cerasus humilis* （Bunge） Sokoloff

山坡、田边、路边。

8. 郁李 *Cerasus japonica* （Thunb.） Loisel.

山坡、路旁、沟边、灌木丛中。

9. 多毛樱桃 *Cerasus polytricha* （Koehne） T.T. Yu & C.L. Li

有分布。杂木林中。

10. 山樱花（山樱桃）*Cerasus serrulata* （Lindl.） Loudon

有分布。山沟溪旁和杂木林中。

11. 地蔷薇 *Chamaerhodos erecta* （L.） Bunge

四方垴、大垴有分布。向阳的山坡沙石地上。

12. 灰栒子 *Cotoneaster acutifolius* Turcz.

有分布。海拔 1 000 m。

13. 细弱栒子 *Cotoneaster gracilis* Rehder et E. H. Wilson

有分布。山坡。

14. 黑果栒子 *Cotoneaster melanocarpus* Lodd. G.Lodd. et W.Lodd.

太极冰山。山顶草地。

15. 华中枸子 *Cotoneaster silvestrii* Pamp.

有分布。林下、山谷沟中。

16. 毛叶水枸子 *Cotoneaster submultiflorus* Popov

有分布。路边林下。

17. 西北枸子 *Cotoneaster zabelii* C. K. Schneid.

四方垴、天平山、大垴。山顶、山坡、林下常见。海拔 900 ～ 1 500 m。

18. 湖北山楂 *Crataegus hupehensis* Sarg.

有分布。海拔 500 ～ 1 000 m 的山坡或疏林中。

19. 山楂 *Crataegus pinnatifida* Bunge

广布。山坡、山沟、田边、路边。海拔 400 ～ 1 000 m。

20. 蛇莓 *Duchesnea indica* （Andrews） Focke

广布。山坡林下、路边草丛、潮湿地方。

21. 红柄白鹃梅 *Exochorda giraldii* Hesse

有分布。山坡灌木丛中。

22. 路边青 *Geum aleppicum* Jacq.

石板岩、车佛沟。水边、路边草丛。

23. 山荆子 *Malus baccarat* （L.） Borkh.

有分布。山坡或山谷杂木林中。

24. 河南海棠 *Malus honanensis* Rehder

太极冰山、大垴。山坡、林下。海拔 900 ～ 1 300 m。

25. 湖北海棠 *Malus hupehensis* （Pamp.） Rehder

山坡杂木林中。

26. 楸子 *Malus prunifolia* （Willd.） Borkh.

有分布。山坡林下。

27. 稠李 *Padus avium* Mill.

有分布。山坡、山谷杂木林中。海拔约 1 000 m。

28. 皱叶委陵菜（钩叶委陵菜）*Potentilla ancistrifolia* Bunge

高家台有分布。草地、岩壁、山沟。海拔 1 000 m。

29. 蕨麻（鹅绒委陵菜）*Potentilla anserine* L.

有分布。草地、水边、山沟。

30. 委陵菜 *Potentilla chinensis* Ser.

太行天路、鲁班壑、滑翔基地。山坡草地、山顶草地。海拔 500 ～ 1 200 m。

31. 翻白草 *Potentilla discolor* Bunge

田家沟。山坡林下、荒地、路边。海拔 900 m。

32. 葡枝委陵菜 *Potentilla flagellaris* Willd. ex Schltdl.

有分布。山坡林下。

33. 匍匐委陵菜 *Potentilla reptans* L.

马鞍垴、滑翔基地。海拔 1 000 m。

34. 莓叶委陵菜 *Potentilla fragarioides* L.

四方垴。山顶草地。海拔约 1 300 m。

35. 三叶委陵菜 *Potentilla freyniana* Bornm.

大垴。路边坡地。海拔 1 100 m。

36. 多茎委陵菜 *Potentilla multicaulis* Bunge

洪谷山。山坡林下、路边干燥草地。海拔约 900 m。

37. 朝天委陵菜 *Potentilla supina* L.

石板岩、三亩地。河边、草地、路边。海拔 700 m。

38. 杜梨 *Pyrus betulifolia* Bunge

大垴。山坡、路边。海拔约 1 100 m。

39. 豆梨 *Pyrus calleryana* Decne.

有分布。山坡、沟边或疏林中。

40. 褐梨 *Pyrus phaeocarpa* Rehder

有分布。海拔 1 000 m 以上的山坡或林缘。

41. 秋子梨 *Pyrus ussuriensis* Maxim.

路边。

42. 木梨 *Pyrus xerophila* T. T. Yu

有分布。海拔 1 000 m 以上的山坡杂木林中。

43. 美蔷薇 *Rosa bella* Rehder et E. H. Wilson

有分布。山顶草地。海拔约 1 077 m。

44. 小果蔷薇 *Rosa cymosa* Tratt.

有分布。山坡林下。

45. 峨眉蔷薇 *Rosa omeiensis* Rolfe

有分布。山坡林下、路边。

46. 钝叶蔷薇 *Rosa sertata* Rolfa

太极冰山。山坡林下。海拔约 1 300 m。

47. 单瓣黄刺玫 *Rosa xanthina* Lindl. f *normalis* Rehder et E. H. Wilson

马鞍垴、四方垴。山坡。海拔 600 ～ 1 200 m。

48. 粉枝莓 *Rubus biflorus* Buch.-Ham. ex Sm.

路边。海拔约 460 m。

49. 山莓 *Rubus corchorifolius* L. f.

有分布。山坡灌木丛、山谷溪旁或疏林中。

50. 弓茎悬钩子 *Rubus flosculosus* Focke

王相岩、冰冰背等。山谷、路边。

51. 覆盆子 *Rubus idaeus* L.

有分布。山坡灌木丛中或山谷溪旁。

52. 牛叠肚 *Rubus crataegifolius* Bge.

四方垴、大垴。山坡灌木丛中。海拔 600 ～ 1 200 m。

53. 喜阴悬钩子 *Rubus mesogaeus* Focke

有分布。山坡路边。

54. 红泡刺藤 *Rubus niveus* Thunb.

路边。海拔 700 ～ 900 m。

55. 茅莓 *Rubus parvifalius* L.

石板岩、贤马沟。山坡草地、路边、林下。海拔 50 ～ 1 200 m。

56. 地榆 *Sanguisorba officinalis* L.

广布。山坡林下、山沟、水边。海拔 500 ～ 1 500 m。

57. 长叶地榆 *Sanguisorba officinalis* var. *longifolia* Yu et C. L. Li

广布。山坡林下、山沟、水边。海拔 500 ～ 1 500 m。

58. 华北珍珠梅 *Sorbaria kirilowii* （Regel） Maxim.

有分布。山坡灌木丛中或山谷溪旁。

59. 北京花楸（黄果臭山槐、白果花楸）*Sorbus discolor* （Maxim.） Maxim.

天路两侧。海拔 1 000 m 以上的山坡或山谷杂木林中。

60. 陕甘花楸 *Sorbus koehneana* C. K. Schneid.

有分布。海拔约 1 000 m 的山坡杂木林中。

61. 花楸树 *Sorbus pohuashanensis* （Hance） Hedl.

太极冰山有分布。海拔 900 m 以上山坡或杂木林中。

62. 柔毛绣线菊（土庄绣线菊）*Spiraea pubescens* Turcz.

分布较广。山顶草地。海拔 400 ～ 1 100 m。

63. 华北绣线菊 *Spiraea fritschiana* C. K. Schncid.

有分布。山坡、山谷林缘或灌木丛中。

64. 疏毛绣线菊 *Spiraea hirsute* （Hemsl.） C. K. Schneid.

有分布。山坡林下。

65. 蒙古绣线菊 *Spiraea mongolica* Maxim.

有分布。海拔约 1 000 m 的山坡灌木丛中。

66. 绢毛绣线菊 *Spiraea sericea* Turcz.

有分布。路边。海拔约 460 m。

67. 三裂绣线菊 *Spiraea trilobata* L.

大垴、四方垴。山沟坡地。海拔约 900 m。

68. 中华绣线菊 *Spiraea chinensis* Maxim.

生于山坡灌木丛中、山谷溪边、田野路旁，海拔 500 m 以上。

69. 绣球绣线菊 *Spiraea blumei* G. Don

生于向阳山坡、杂木林内或路旁，海拔 500 m 以上。

70. 太行花 *Taihangia rupestris* T. T. Yu et C. L. Li

四方垴、天平山。岩壁。海拔约 1 100 m。

71. 缘毛太行花 *Taihangia rupestris* var. *ciliata* Yü et Li

四方垴。岩壁。海拔约 1 100 m。

72. 野山楂 *Crataegus cuneata* Sieb. et Zucc.

生于山谷、多石湿地或山地灌木丛中。

73. 山杏 *Armeniaca sibirica* （L.） Lam.

生于干燥向阳山坡上。

74. 榆叶梅 *Amygdalus triloba* （Lindl.） Ricker

生于低至中海拔的坡地或沟旁乔、灌木林下或林缘。

（七十一）茜草科 Rubiaceae

1. 猪殃殃 *Galium aparine* L. var. *tenerum* （Gren. et Godr.） Rchb. f.

洪谷山、天平山。山坡上、路边。

2. 北方拉拉藤 *Galium boreale* L.

四方垴、太行天路。山顶草地、山坡林下。

3. 四叶葎 *Galium bungei* Steud.

习见。山沟、山坡、山顶草地。海拔 400 ～ 1 200 m。

4. 显脉拉拉藤 *Galium kinuta* Nakai et H. Hara

有分布。山坡。海拔约 1 000 m。

5. 蓬子菜 *Galium verum* L.

大垴。山坡路边。海拔约 1 000 m。

6. 薄皮木 *Leptodermis oblonga* Bunge

四方垴、马鞍垴。山顶草地、山坡林下。海拔 600 ～ 1 100 m。

7. 鸡矢藤 *Paederia scandens* （Lour.） Merr.

有分布。山坡路边。

8. 茜草 *Rubia cordifolia* L.

有分布。路边、草地、山坡林下。

9. 膜叶茜草 *Rubia membranacea* （Franch. ex Diels） Diels

山坡路边。海拔约 700 m。

10. 硬毛四叶葎 *Galium bungei* var. *hispidum* （Kitagawa） Cuf.

有分布。

11. 林生茜草 *Rubia sylvatica* （Maxim.） Nakai

有分布。

12. 车叶葎 *Galium asperuloides* Edgew.

有分布。

13. 六叶葎 *Galium asperuloides* Ehrendorfer & Schonbeck-Temesy ex R. R. Mill

有分布。

（七十二）芸香科 Rutaceae

1. 白鲜 *Dictamnus dasycarpus* Turcz.

有分布。山坡疏林、灌木丛或草地。

2. 臭檀吴萸 *Tetradium daniellii* （Benn.） T. G. Hartley

太极冰山。山坡树林中。海拔约 1 300 m。

3. 竹叶椒 *Zanthoxylum armatum* DC.

有分布。山坡林下。海拔约 500 m。

4. 花椒 *Zanthoxylum bungeanum* Maxim.

栽培。

5. 枳 *Citrus trifoliata* L.

栽培。天平山、黄华寺。

（七十三）清风藤科 Sabiaceae

1. 清风藤 *Sabia japonica* Maxim.

山坡林下。

（七十四）杨柳科 Salicaceae

1. 山杨 *Populus davidiana* Dode

有分布。海拔 1 000 m 以上的山坡。

2. 小叶杨 *Populus simonii* Carrière

有分布。山沟水边。海拔 1 200 m 以下。

3. 毛白杨 *Populus tomentosa* Carrière

分布广泛。

4. 垂柳 *Salix babylonica* L.

广布。水边。野生或栽培。

5. 旱柳 *Salix matsudana* Koidz.

野生或栽培。山坡、河道、路边。

6. 黄花柳 *Salix caprea* L.

山坡。

7. 腺柳（河柳）*Salix chaenomeloides* Kimura

有分布。山沟河边。

8. 密齿柳 *Salix character* C. K. Schneid.

山坡。

9. 乌柳（筐柳）*Salix cheilophila* C. K. Schneid.

有分布。山沟河边。

10. 中国黄花柳（小叶黄花柳）*Salix sinica*（K. S. Hao ex C. F. Fang et A.K. Skvortsov）G. H. Zhu

大垴，太极山。山坡或山谷溪旁。

（七十五）檀香科 Santalaceae

1. 百蕊草 *Thesium chinense* Turcz.

有分布。干燥草地。

2. 急折百蕊草 *Thesium refractum* C. A. Mey.

大垴。山坡草地或灌木丛中，寄生于其他植物根上。

（七十六）无患子科 Sapindaceae

1. 栾树 *Koelreuteria paniculata* Laxm.

有分布。山坡、山沟。

（七十七）虎耳草科 Saxifragaceae

1. 大花溲疏 *Deutzia grandiflora* Bunge

广布。山坡林下。海拔 400 ～ 1 300 m。

2. 小花溲疏 *Deutzia parviflora* Bunge

高家台、四方垴、大垴。山沟、山顶草地。

3. 碎花溲疏 *Deutzia parviflora* Bunge var. *micrantha* （Engl.） Rehder

有分布。海拔 1 000 m 以上的山谷灌木丛中。

4. 东陵绣球 *Hydrangea bretschneideri* Dippel

有分布。海拔 1 000 m 以上的山坡或山谷林下及林缘。

5. 黄脉绣球 *Hydrangea xanthoneura* Diels

有分布。海拔 1 000 m 以上的山谷溪旁、疏林中。

6. 独根草 *Oresitrophe rupifraga* Bunge

四方垴。岩壁阴面。海拔 400 ～ 1 200 m。

7. 扯根菜 *Penthorum chinense* Pursh

有分布。山谷溪旁、沟边、湿地等处。

8. 毛萼山梅花 *Philadelphus dasycalyx* （Rehder） S. Y. Hu

有分布。山坡、林下。

9. 山梅花 *Philadelphus incanus* Koehne

山坡林下。海拔 1 000 ～ 1 100 m。

10. 太平花 *Philadelphus pekinensis* Rupr.

四方垴、大垴有分布。海拔 1 000 m 以上的山坡灌木丛中。

11. 华蔓茶藨子 *Ribes fasciculatum* Sieb. et Zucc. var. *chinense* Maxim.

太极山有分布。山坡林下。海拔 1 000 m。

12. 冰川茶藨子 *Ribes glaciale* Wall.

山谷溪边、杂木林中。海拔约 1 000 m。

13. 东北茶藨子（山麻子）*Ribes mandshuricum* （Maxim.） Kom.

海拔 1 000 m 以上的山坡、山谷林下。

14. 球茎虎耳草 *Saxifraga sibirica* L.

山坡草地或山林阴湿处。

15. 爪瓣虎耳草 *Saxifraga unguiculata* Engl.

山坡石缝中。

16. 落新妇 *Astilbe chinensis* （Maxim.） Franch. et Savat.

山谷、溪边、林下、林缘和草甸等处。

17. 中华金腰 *Chrysosplenium sinicum* Maxim.

生于海拔 500 m 以上的林下或山沟阴湿处。

18. 突隔梅花草 *Parnassia delavayi* Franch

天平山、四方垴。生于草滩湿处和碎石坡上。

19. 细叉梅花草 *Parnassia oreophila* Hance

红谷山、四方垴。生于高山草地、山腰林缘和阴坡潮湿处以及路旁等处。

（七十八）玄参科 Scrophulariaceae

1. 通泉草 *Mazus pumilus* （Burm. f.） Steenis

有分布。湿润荒地、路边、田间。

2. 弹刀子菜 *Mazus stachydifolius* （Turcz.） Maxim.

马鞍垴。山顶坡地。海拔 1 000 m。

3. 山萝花 *Melampyrum roseum* Maxim.

太行天路。山坡林下。海拔 1 000 ～ 1 100 m。

4. 兰考泡桐 *Paulownia elongate* S. Y. Hu

有栽培。

5. 毛泡桐 *Paulownia tomentosa* （Thunb.） Steud.

有栽培。

6. 楸叶泡桐 *Paulownia catalpifolia* Gong Tong

栽培或野生。

7. 短茎马先蒿 *Pedicularis artselaeri* Maxim.

有分布。山坡草丛和林下较干燥处。

8. 红纹马先蒿 *Pedicularis striata* Pall.

大垴、四方垴。山坡草地。海拔 1 100 ～ 1 200 m。

9. 穗花马先蒿 *Pedicularis spicata* Pall.

太极冰山、四方垴。阴坡。海拔 1 100 ～ 1 400 m。

10. 松蒿 *Phtheirosperunun japonicum* （Thunb.） Kanitz.

贤马沟。山坡林下。海拔 1 100 ～ 1 400 m。

11. 水蔓菁 *Pseudolysimachion jinariifolium* subsp. *dilatatum* D.Y. Hong

水池边湿地。

12. 地黄 *Rehmannia glutinosa* （Gaertn.） Libosch. ex Fisch. et C. A. Mey.

习见。山坡、路边。

13. 山西玄参 *Scrophularia modesta* Kitag.

岩石下阴湿处、灌木丛中、林中。

14. 玄参 *Scrophularia ningpoensis* Hemsl.

有分布。山地、谷地、溪边、灌木丛及草丛中。

15. 太行山玄参 *Scrophularia taihangshanensis* C. S. Zhu et H. W. Yang

红旗渠景区、寨门沟。山坡林下。

16. 阴行草 *Siphonostegia chinensis* Benth.

有分布。山坡草地、林下。海拔约 800 m 以上。

17. 腺毛阴行草 *Siphonostegia laeta* S. Moore

有分布。草丛或灌木丛中。

18. 北水苦荬 *Veronica anagallis-aquatica* L.

有分布。水中。

19. 婆婆纳 *Veronica didyma* Ten.

有分布。路边。

20. 水苦荬 *Veronica undulate* Wall.

有分布。水边湿地、水中。

21. 返顾马先蒿 *Pedicularis resupinata* L.

生长于海拔 500 m 以上的湿润草地及林缘。

22. 山西马先蒿 *Pedicularis shansiensis* Tsoong

生于海拔 1 000 m 以上的高草坡或灌丛草原中。

（七十九）苦木科 Simaroubaceae

1. 臭椿 *Ailanthus altissima* （Mill.） Swingle

山坡、路边、河床。习见。

2. 苦木 *Picrasma quassioides* （D. Don） Benn.

杂木林中、路边。

（八十）茄科 Solanaceae

1. 曼陀罗 *Datura stramonium* L.

有分布。路边空地。

2. 枸杞 *Lycium chinense* Mill.

有分布。村边、路边。

3. 假酸浆 *Nicandra physalodes* （L.） Gaertn.

有分布。路边。

4. 江南散血丹 *Physaliastrum heterophyllum* （Hemsl.） Migo

山坡林下。海拔 900 ～ 1 000 m。

5. 华北散血丹 *Physaliastrum sinicum* Kuang et A. M. Lu

有分布。山坡林下、山谷湿处。

6. 酸浆（红灯笼、红姑娘）*Physalis alkekengi* L.

有分布。山坡、荒地、路旁、村边。

7. 挂金灯 *Physalis alkekengi* L. var. *franchetii* （Mast.） Makino

天平山、石板岩。山顶草地、山坡林下。海拔 1 000 ～ 1 200 m。

8. 苦蘵 *Physalis angulata* L.

有分布。山坡林下、路旁、荒地、田埂。

9. 白英 *Solanum lyratum* Thunb.

平板桥、天平山。路边草丛。

10. 龙葵 *Solanum nigrum* L.

有分布。山坡林下、路边。

11. 青杞（野茄子）*Solanum septemlobum* Bunge

苍龙山。山坡路边草丛。海拔 900 ～ 1 000 m。

12. 野海茄 *Solanum japonense* Nakai

天平山。山坡草丛。海拔 900 ～ 1 000 m。

13. 毛曼陀罗 *Datura inoxia* Miller

有分布。路边空地。

（八十一）省沽油科 Staphyleaceae

1. 省沽油 *Staphylea bumalda* DC.

仙台山。山坡。

2. 膀胱果 *Staphylea holocarpa* Hemsl.

有分布。山谷杂木林。

（八十二）梧桐科 Sterculiaceae

1. 梧桐 *Firmiana simplex*（L.） W. Wight

有栽培。

（八十三）安息香科 Styracaceae

1. 玉铃花 *Styrax obassis* Sieb. et Zucc.

高家台。山谷。

2. 垂珠花 *Styrax dasyanthus* Perkins

王相岩。山地、山坡及溪边杂木林中。

（八十四）山矾科 Symplocaceae

1. 白檀 *Symplocos paniculata* Miq.

有分布。山坡、路边、林中。

（八十五）瑞香科 Thymelaeaceae

1. 草瑞香 *Diarthron linifolium* Turcz.

有分布。河边沙滩。

2. 荛花 *Wikstroemia canescens* Wall. ex Meisn.

有分布。山坡林下。

（八十六）椴树科 Tiliaceae

1. 田麻 *Corchoropsis crenata* Sieb. et Zucc.

龙床沟。山坡草丛、石缝中。

2. 光果田麻 *Corchoropsis crenata* var. *hupehensis* Pampanini

有分布。山谷。

3. 扁担杆 *Grewia biloba* G. Don

有分布。山坡林下。

4. 小花扁担杆 *Grewia biloba* G. Don var. *parviflora*（Bunge） Hand.-Mazz.

习见。山坡林下。海拔 500 ～ 1 200 m。

5. 蒙椴 *Tilia mongolica* Maxim.

有分布。山坡、山顶。海拔约 1 100 m。

6. 紫椴 *Tilia amurensis* Rupr.

太行天路。山坡杂木林中。海拔约 1 000 m。

7. 少脉椴 *Tilia paucicostata* Maxim.

太极冰山、四方垴。山坡杂木林中。海拔 900 ～ 1 500 m。

8. 红皮椴 *Tilia paucicostata* var. *dictyoneura* H. T. Chang et E. W. Miau

分布同上。

（八十七）昆栏树科 Trochodendraceae

1. 领春木 *Euptelea pleiospema* Hook. f. et Thomson

桃花谷有分布。海拔 1 000 m 以上的山谷杂木林中。

（八十八）榆科 Ulmaceae

1. 紫弹树 *Celtis biondii* Pamp.

路边林地。

2. 黑弹树（小叶朴）*Celtis bungeana* Blume

四方垴、大垴。山沟路边、沟谷、山顶。习见。海拔 500 ～ 1 300 m。

3. 大叶朴 *Celtis koraiensis* Nakai

王相岩、大垴。山坡林下。海拔 1 200 m。

4. 青檀 *Pteroceltis tartarinowii* Maxim.

太行屋脊等常见。路边。海拔约 460 m。

5. 兴山榆 *Ulmus bergmanniana* C. K. Schneid.

山坡或山谷杂木林中。海拔 500 ～ 1 200 m。

6. 春榆 *Ulmus davidiana* var. *japonica* （Rehd.） Nakai

石灰岩山坡或山谷。

7. 旱榆 *Ulmus glaucescens* Franch.

青年洞。山坡林下。

8. 脱皮榆 *Ulmus lamellose* C. Wang et S. L. Chang

王相岩。海拔 1 000 m 以上的山谷或山坡杂木林中。

9. 大果榆（太行榆）*Ulmus macmcarpa* Hance

车佛沟。山沟沟谷。海拔 700 ～ 1 100 m。

10. 榆树 *Ulmus pumila* L.

习见，多栽培。

11. 光叶榉 *Zelkova serrata* （Thunb.） Makino

有分布。路边。海拔约 460 m。

12. 大果榉 *Zelkova sinica* C. K. Schneid.

广布。山坡林下。海拔 600 ～ 1 500 m。

（八十九）伞形科 Umblliferae

1. 紫花前胡（土当归、前胡）*Angelica decursiva* （Miq.） Franch. et Sav.

四方垴有分布。林下。海拔约 1 300 m。

2. 白芷 *Angelica dahurica* Benth. & Hook. f. ex Franch. & Sav.

四方垴有分布。林下。海拔约 1 300 m。

3. 太行阿魏 *Ferula licentiana* Hand.-Mazz.

滑翔基地、刘家梯。山坡草地。海拔 600 ～ 1 200 m。

4. 短毛独活 *Heracleum moellendorffii* Hance

四方垴有分布。林下。海拔约 1 300 m。

5. 当归 *Angelica sinensis* （Oliv.） Diels

山沟水边。海拔 700 ～ 900 m。

6. 峨参 *Anthriscus sylvestris*（L.）Hoffm.

有分布。海拔 1 000 m 以上的山坡林下。

7. 柴胡 *Bupleurum chinense* DC.

广布。山坡林下、路边草丛。

8. 红柴胡（狭叶柴胡）*Bupleurum scorzonerifolium* Willd.

太行平湖。山坡林下、水边草丛中。海拔约 900 m。

9. 黑柴胡 *Bupleurum smithii* H. Wolff

山顶草地。海拔约 1 000 m。

10. 山茴香 *Carlesia sinensis* Dunn

有分布。山顶岩石缝中。

11. 蛇床 *Cnidium monnieri* （L.） Cusson

石板岩。路边林下。海拔 600 ～ 1 000 m。

12. 芫荽 *Coriandrum sativum* L.

有栽培。村庄边。

13. 鸭儿芹 *Cryptotaenia japonica* Hassk.

山坡林下。

14. 条叶岩风 *Libanotis lancifoliu* K. T. Fu

车佛沟。山坡林下。海拔约 900 m。

15. 藁本 *Ligusticum sinense* Oliv.

仙霞谷、天平山。山坡林下、水湿处。海拔 600 ～ 1 200 m。

16. 岩茴香 *Ligusticum tachiroei* （Franch. et Sav.） M. Hiroe et Constance

四方垴。山坡林下、草丛中。海拔 850 ～ 1 200 m。

17. 水芹 *Oenanthe javanica* （Blume） DC.

广布。山坡林下、水边湿地。

18. 大齿山芹（大齿当归）*Ostericum grosseserratum* （Maxim.） Kitag.

黑龙潭有分布。林缘及山坡草地。

19. 前胡 *Peucedanum praeruptorum* Dunn

太行天路、马鞍垴。路边草地、山坡林下。海拔 900 ～ 1 200 m。

20．直立茴芹 *Pimpinella smithii* H. Wolff

山坡林下。

21. 羊红膻 *Pimpinella thellungiana* H. Wolff

大垴。路边、山坡、草丛。海拔 900 ～ 1 400 m。

22. 变豆菜 *Sanicula chinensis* Bunge

天平山、高家台。路边草丛。海拔 800 ～ 1 200 m。

23. 防风 *Saposhnikovia divaricata*（Turcz.）Schischk.

有分布。路边草地。

24. 小窃衣 *Torilis japonica*（Houtt.）DC.

潘家沟。路边草丛。海拔约 900 m。

（九十）荨麻科 Urticaceae

1. 小赤麻（细野麻）*Boehmeria spicata*（Thunb.）Thunb.

龙床沟。路边草地。海拔 700 m。

2. 八角麻（赤麻、悬铃木叶芝麻）*Boehmeria tricuspis*（Hance）Makino

太行平湖。山沟、林缘。

3. 野线麻 *Boehmeria japonica*（Linnaeus f.）Miquel

田家沟。山坡海拔 800 m。

4. 大蝎子草 *Girardinia diversifolia*（Link）Friis

有分布。山坡或山沟林下阴湿地方。

5. 艾麻（蝎子草）*Laportea cuspidate*（Wedd.）Friis

四方垴、太行屋脊。林下、沟边阴湿处。海拔 500 ～ 1 200 m。

6. 珠芽艾麻 *Laportea bulbifera*（Sieb. et Zucc.）Wedd.

有分布。山沟林下或林缘湿地。

7. 墙草 *Parietaria micrantha* Ledeb.

仙霞谷、太行平湖。山坡林下、岩石下。海拔 500 ～ 1 200 m。

8. 狭叶荨麻 *Urtica angustifolia* Fisch. ex Homem.

有分布。林下或山谷水边湿地。

9. 宽叶荨麻 *Urtica laetevirens* Maxim.

山坡林下。

10. 悬铃叶苎麻 *Boehmeria tricuspis*（Hance）Makino

低山山谷疏林下、沟边或田边，海拔 500 ～ 1 400 m。

11. 透茎冷水花 *Pilea pumila*（L.）A. Gray

高家台、天平山。山坡林下或岩石缝的阴湿处。海拔 600 ～ 1 100 m。

12. 蝎子草 *Girardinia diversifolia* subsp. *suborbiculata* C.J. Chen & Friis

生于海拔 800 m 以下林下沟边或住宅旁阴湿处。

（九十一）败酱科 Valerianaceae

1. 墓头回（异叶败酱）*Patrinia heterophylla* Bunge

马鞍垴、滑翔基地。路边草丛、沟边、林下。海拔 600 ～ 1 200 m。

2. 少蕊败酱 *Patrinia monandra* C. B. Clarke

路边草丛。海拔 600 ～ 1 100 m。

3. 岩败酱 *Patrinia rupestris* （Pall.） Juss.

路边林下、草丛。

4. 败酱 *Patrinia scabiosifolia* Fisch. ex Trevie.

有分布。路边草丛。

5. 糙叶败酱 *Patrinia scabra* Bunge

马鞍垴、滑翔基地。路边草丛、沟边。海拔约 1 000 m。

6. 缬草 *Valeriana pseudofficinalis* C. Y. Cheng et H. B. Chen

四方垴有分布。海拔 1 000 m 以上的山坡草地及疏林下、沟边、湿地。

（九十二）马鞭草科 Verbenaceae

1. 华紫珠 *Callicarpa cathayana* H. T. Chang

有分布。林下。

2. 莸 *Caryopteris divaricata* Maxim.

有分布。山坡。

3. 兰香草 *Caryopteris incana* （Thunb. ex Houtt.） Miq.

有分布。

4. 三花莸 *Caryopteris terniflora* Maxim.

洪谷山、太行屋脊。沟谷草丛、路边草丛、林下坡地。海拔 500 ～ 1 000 m。

5. 臭牡丹 *Clerodendrum bungei* Steud.

有分布。山坡路边。

6. 海州常山 *Clerodendrum trichotomum* Thunb.

鲁班壑。山谷、山顶。

7. 马鞭草 *Verbena officinalis* L.

有分布。山坡水边。

8. 黄荆 *Vitex negundo* L.

广布。山坡林下、水边草丛。海拔 500 ～ 1 200 m。

9. 牡荆 *Vitex negundo* L. var. *cannabifolia* （Sieb. et Zucc） Hand.-Mazz.

有分布。山坡灌木丛中。

10. 荆条 *Vitex negundo* L. var. *hetempliyila* （Franch.） Rehder

广布。山坡、路旁、灌木丛中。海拔 500 ～ 1 200 m。

（九十三）堇菜科 Violaceae

1. 鸡腿堇菜 *Viola acuminata* Ledeb.

天平山、四方垴。林下、沟底、草地。海拔 500 ～ 1 100 m。

2. 南山堇菜 *Viola chaerophylloides* （Regel） W. Becker

天平山有分布。林下或沿河及溪谷阴湿处。

3. 球果堇菜（毛果堇菜） *Viola collina* Besser

山坡林下、山沟。

4. 裂叶堇菜 *Viola dissecta* Ledeb.

太行天路、马鞍垴。坡顶、山沟、山坡林下、路边。海拔 600 ～ 1 200 m。

5. 蒙古堇菜 *Viola mongolica* Franch.

天平山。山坡林下。

6. 白花地丁 *Viola patrinii* DC. ex Ging.

天平山。山坡林下。

7. 北京堇菜 *Viola pekinensis* （Regel） W. Becker

坡地、山坡路边。

8. 紫花地丁 *Viola philippica* Cav.

广布，坡地、路边、村边。海拔 500 ～ 1 000 m。

9. 早开堇菜 *Viola prionantha* Bunge

广布，坡地、路边、村边。海拔 500 ～ 1 000 m。

10. 辽宁堇菜 *Viola rossii* Hemsl.

山坡林下。

11. 深山堇菜 *Viola selkirkii* Pursh ex Goldie

路边林下。海拔 600 ～ 700 m。

12. 细距堇菜 *Viola tenuicornis* W. Becker

山坡、林下。海拔 660 ～ 670 m。

13. 斑叶堇菜 *Viola variegata* Fisch. ex Link.

黄华寺、高家台。有分布。山坡荒地、疏林、灌木丛。

（九十四）葡萄科 Vitaceae

1. 乌头叶蛇葡萄 *Ampelopsis aconitifolia* Bunge

广布。山坡林下、路边。海拔 400 ～ 1 000 m。

2. 三裂叶蛇葡萄 *Ampelopsis delavayana* Planch. ex Franch.

太行隧洞。山坡、路边。海拔 800 m。

3. 掌裂草葡萄 *Ampelopsis delavayana* Planch. ex Franch. var. *glabra* （Diels et Gilg） C. L. Li

有分布。山坡路边。海拔约 1 100 m。

4. 东北蛇葡萄 *Ampelopsis glandulosa* var. *brevipedunculata* （Maxim.） Momiy.

洪谷山。山坡。海拔约 800 m。

5. 葎叶蛇葡萄 *Ampelopsis humulifolia* Bunge

四方垴、天平山有分布。山坡灌木丛或疏林中。

6. 白蔹 *Ampelopsis japonica* （Thunb.） Makino

有分布。山坡林下或灌木丛中。

7. 乌蔹莓 *Cayratia japonica* （Thunb.） Gagnep.

广布。田间、路边、荒地、山坡灌木丛、草地。

8. 地锦（爬墙虎） *Parthenocissus tricuspidata* （Sieb. et Zucc.） Planch.

有栽培。生于山坡崖石壁上。

9. 山葡萄 *Vitis amurensis* Rupr.

天平山。山坡林下或灌木丛中。

10. 华北葡萄 *Vitis bryoniifdlia* Bunge

有分布。山沟或山坡灌木丛中及林缘。

11. 毛葡萄 *Vitis heyneana* Roem. et Schult.

有分布。山坡林下、路边。

12. 桑叶葡萄 *Vitis heyneana* Roem. et Schult. subsp. *ficifolia* C. L. Li

广布。山坡林下、灌木丛中。

13. 蓝果蛇葡萄 *Ampelopsis bodinie*（Levl. et Vant.） Rehd.

生于山谷林中或山坡灌丛阴湿处。

14. 变叶葡萄 *Vitis piasezkii* Maxim.

生山坡、河边灌丛或林中。

（九十五）蒺藜科 Zygophyllaceae

1. 蒺藜 *Tribulus terrestris* L.

广布。荒丘、路旁、田间、地埂。

二、单子叶植物

（一）泽泻科 Alismataceae

1. 泽泻 *Alisma plantago-aqtuitica* L.

分水岭。溪流、水塘中。

2. 野慈姑 *Sagittaria trifolia* L.

分水岭。池塘、沼泽、沟渠。

（二）天南星科 Araceae

1. 菖蒲（臭菖蒲、白菖蒲）*Acorus calamus* L.

分水岭。水边、沼泽、湿地。

2. 一把伞南星 *Arisaema erubescens* （Wall.） Schott

贤马沟、大垴。山坡林下、山谷阴湿处。

3. 花南星（浅裂南星）*Arisaema lobatum* Engl.

有分布。海拔 600 m 以上的林下、草坡或荒地。

4. 虎掌（掌叶半夏）*Pinellia pedatisecta* Schott

车佛沟、太行屋脊。山坡。

5. 半夏 *Pinellia ternata* （Thunb.） Ten. ex Breitenb.

太行屋脊。山坡草丛。

6. 独角莲 *Sauromatum giganteum* （Engl.） Cusimano et Hett.

车佛沟、贤麻沟、高家台等山谷阴湿处。海拔 800 ～ 1 150 m。

（三）鸭跖草科 Commelinaceae

1. 饭包草 *Commelina benghalensis* L.

有分布。路边空地。海拔约 300 m。

2. 鸭跖草 *Commelina communis* L.

有分布。山沟、林缘、溪旁、地埂。

3. 竹叶子 *Streptolirion volubile* Edgcw.

石板岩、太行平湖有分布。山坡草地、灌木丛、林缘以及田边、荒地。

（四）莎草科 Cyperaceae

1. 华扁穗草 *Blysmus sinocompressus* Tang et Wang

有分布。海拔 1 000 m 以上的山谷溪边、河岸、沼泽。

2. 荆三棱 *Bolboschoenus yagara* （Ohwi） Yung C. Yang et M. Zhan

有分布。水边湿地、浅水中。

3. 青绿苔草 *Carex breviculmis* R. Br.

潘家沟。沟谷、山坡林下、路边。海拔 700 m。

4. 白颖苔草 *Carex duriuscula* subsp. *rigescens* S. Y. Liang et Y. C. Tang

有分布。村旁、路边。

5. 叉齿苔草 *Carex gotoi* Ohwi

有分布。山坡、林缘、沟边。

6. 异鳞苔草 *Carex heterolepis* Bunge

有分布。水边。

7. 大披针苔草 *Carex lanceolata* Boott

四方垴、太行隧洞。山沟、山坡林下。海拔 900 m。

8. 亚柄苔草 *Carex lanceolata* Boott var. *subpediforms* Kilk.

四方垴、太行隧洞。山坡。海拔 900 m。

9. 尖嘴苔草 *Carex leiorhyncha* C. A. Mey.

有分布。沟谷水边或林下潮湿处。

10. 长嘴苔草 *Carex longemstrafa* C. A. Mey.

有分布。林下、溪边、山坡草丛中。

11. 翼果苔草 *Carex neurocarpa* Maxim.

天平山、太行平湖有分布。沟谷水边或林下、湿地。

12. 阿穆尔莎草 *Cyperus amuricus* Maxim.

有分布。田间。

13. 扁穗莎草 *Cyperus compressus* L.

石板岩、太行平湖有分布。田间、路旁。

14. 二形鳞苔草 *Carex dimorpolehpis* Steud.

天平山、高家台。山沟湿地、水畔。海拔 900 m。

15. 异形莎草 *Cyperus difformis* L.

石板岩、太行平湖有分布。池塘边、河滩。

16. 球穗莎草 *Cyperus glomeratus* L.

石板岩、太行平湖有分布。沟渠边、潮湿地、河滩。

17. 畦畔莎草 *Cyperus haspan* L.

有分布。田间、路旁。

18. 碎米莎草 *Cyperus iria* L.

鲁班壑有分布。田间、路旁、山坡、荒地。

19. 具芒碎米莎草（小碎米莎草）*Cyperus microiria* Stcud.

鲁班壑有分布。田间、路旁、山坡。

20. 直穗莎草 *Cyperus orthostachyus* Franch. et Sav.

有分布。田间、路旁、河滩。

21. 香附子 *Cyperus rotundus* L.

广布。沟渠、水边。

22. 牛毛毡 *Eleocharis yokoscensis*（Franch. et Sav.）T. Tang et F. T. Wang

有分布。池塘及沟渠边。

23. 复序飘拂草 *Fimbristylis bisumbellata*（Forssk.）Bubani

有分布。山谷、林缘湿地及沟渠旁。

24. 两歧飘拂草 *Fimbristylis dichotoma*（L.）Vahl

有分布。山谷湿地。

25. 长穗飘拂草 *Fimbristylis longispica* Steud.

石板岩、太行平湖有分布。山坡、山谷、林缘湿地。

26. 畦畔飘拂草 *Fimbristylis squarrosa* Vahl

石板岩、太行平湖有分布。山谷、林缘湿地及沟渠旁。

27. 烟台飘拂草 *Fimbristylis stauntoni* Debeaux et Franch.

石板岩、太行平湖有分布。河边湿地、沟渠边。

28. 双穗飘拂草 *Fimbristylis subbispicata* Nees et Meyen

石板岩、太行平湖有分布。山坡、山谷、林缘湿地及沟渠旁。

29. 花穗水莎草 *Juncellus pannonicus*（Jacq.）C. B. Clarke

有分布。沟渠边、河谷、沼泽地。

30. 水莎草 *Juncellus serotinus*（Rottb.）C. B. Clarke

有分布。沟渠边、池塘、河谷、沼泽地。

31. 红鳞扁莎草 *Pycreus sanguinolentus*（Vahl）Nees

有分布。山谷、田边及河岸旁。

32. 萤蔺 *Schoenoplectus juncoides*（Roxb.）Palla

有分布。池塘、沟边及沼泽地。

33. 水葱 *Schoenoplectus tabernaemontani*（C.C. Gmel.）Palla

有分布。池塘边、沼泽地或沟渠边。

34. 太行山针蔺 *Trichophonun schansiense* Hand.- Mazz.

高家台、天平山、大垴。潮湿石壁上，海拔 600 ～ 1 300 m。

35. 三棱水葱（藨草）*Schoenoplectus triqueter*（Linnaeus）Palla

生长在水沟、水塘、山溪边

36. 扁秆荆三棱 *Bolboschoenus planiculmis*（F. Schmidt）T. V. Egorova

生长于水边。

（五）薯蓣科 Dioscoreaceae

1. 日本薯蓣 *Dioscorea japonica* Thunb.

山坡林下。

2. 穿龙薯蓣 *Dioscorea nipponica* Makino

山坡林下、山沟、路边空地。

3. 薯蓣 *Dioscorea polystachya* Turcz.

路边草丛、林下。海拔 500～950 m。

4. 山萆薢 *Dioscorea tokoro* Makino

路边草地、山坡林下。海拔 700～1 200 m。

（六）禾本科 Gramineae

1. 中华芨芨草（中华落芒草）*Achnatherum chinense* （Hitchc.） Tzvelev

有分布。水边沙滩、山坡草地。

2. 京芒草 *Achnatherum pekinense* （Hance） Ohwi

四方垴、大垴。山坡林下。海拔 1 200 m。

3. 羽茅 *Achnatherum sibiricum* （L.） Keng ex Tzvelev

有分布。山坡、草地及路旁。

4. 芨芨草 *Achnatherum splendens* （Trin.） Nevski

有分布。山坡草地。

5. 华北剪股颖 *Agrostis clavata* Trin.

有分布。林下、林缘、潮湿处。

6. 巨序剪股颖（小糠草）*Agrostis gigantean* Roth

有分布。潮湿山坡或山谷中。

7. 看麦娘 *Alopecurus aequalis* Sobol.

有分布。潮湿处及沟边。

8. 日本看麦娘 *Alopecurus japonicas* Steud.

有分布。田间、沟畔。

9. 光稃香草 *Anthoxanthum glabnim* （Trin.） Veldkamp

太行屋脊。山坡。海拔 1 100 m。

10. 三芒草 *Aristida adscensionis* L.

有分布。干燥荒坡或沙地上。

11. 荩草 *Arthraxon hispidus* （Thunb.） Makino

广布。沟谷草丛、路边草地，海拔 500～1 200 m。

12. 毛叶荩草（柔叶荩草）*Arthraxon prionodes* （Steud.） Dandy

有分布。山坡林下。

13. 毛秆野古草 *Arundinella hirta* （Thunb.） Tanaka

四方垴、观霖沟。路边草丛、山坡林下。海拔 800～1 200 m。

14. 野燕麦 *Avena fatua* L.

有分布。路边。海拔约 818 m。

15. 白羊草 *Bothriochloa ischaemum* （L.） Keng.

广布。山坡林下。海拔 500 ～ 1 200 m。

16. 短柄草 *Brachypodium sylvaticum* （Huds.） P. Beauv.

天平山、田家沟。山坡。海拔 900 m。

17. 雀麦 *Bromus japonicas* Thunb. ex Murry

有分布。山坡、荒野、路旁及田间。

18. 拂子茅 *Calamagrostis epigeios* （L.） Roth

有分布。低湿处。

19. 假苇拂子茅 *Calamagrostis pseudophragmites* （Haller f.） Koeler

四方垴。山沟、溪旁、河岸。

20. 细柄草 *Capillipedium parviflorum* （R. Br.） Stapf

洪谷山。山坡草地、路边草丛、山坡林下。海拔 600 m。

21. 虎尾草 *Chloris virgata* Sw.

洪谷山、天平山。山坡林下、路边空地。海拔 400 ～ 1 200 m。

22. 中华隐子草 *Cleistogenes hackelii* （Honda） Honda

有分布。山坡、路旁。

23. 北京隐子草 *Cleistogenes hancei* Keng

广布。路边草地、路边林下。海拔 500 ～ 1 100 m。

24. 无芒隐子草 *Cleistogenes songorica* （Roshev.） Ohwi

有分布。干旱山坡、草地。

25. 蔺状隐花草 *Crypsis schoenoides* （L.） Lam.

有分布。河岸及盐碱地。

26. 狗牙根 *Cynodon dactylon* （L.） Pers.

有分布。山坡水边。

27. 鸭茅 *Dactylis glomerata* L.

有分布。山坡林下、路边草丛。海拔 510 ～ 1 100 m。

28. 发草 *Deschampsia cespitosa* （L.） P. Beauv.

有分布。河滩、草原、灌木丛、河岸。

29. 野青茅 *Deyeuxia midalis* （Host） Veldkamp

四方垴、大垴。路边草丛、草地。海拔 1 000 ～ 1 500 m。

30. 止血马唐 *Digitaria ischaemum* （Schreb.） Muhl.

有分布。多生于水边、荒野潮湿处。

31. 马唐 *Digitaria sanguinalis* （L.） Scop.

广布。路边草地、旷野。常见的田间杂草。

32. 光头稗 *Echinochloa colona* （L.） Link

有分布。山坡水边、路边草丛。

33. 稗 *Echinochloa crus-galli* （L.） P. Beauv.

广布。村旁、路边草地、旷野。常见的田间杂草。

34. 牛筋草（蟋蟀草）*Eleusine indica*（L.）Gaertn.

广布。农田、荒园、路旁、草地。

35. 柯孟披碱草（鹅观草）*Elymus kamoji*（Ohwi）S. L. Chen

广布。荒地、水边或湿润草地上。

36. 大画眉草（星星草）*Eragrostis cilianensis*（Bellardi）Vignolo ex Janch.

广布。荒地、路旁、田间。

37. 知风草 *Eragrostis ferruginea*（Thunb.）P. Beauv.

天平山、田家沟。山坡林下、路边、墙缝中。海拔约 700 m。

38. 乱草 *Eragrostis japonica*（Thunb.）Trin.

有分布。山沟、溪旁、田边、路旁。

39. 画眉草 *Eragrostis pilosa*（L.）P. Beauv.

广布。荒地、路旁、田间。

40. 小画眉草 *Eragrostis minor* Host

广布。荒野、草地、路边。

41. 小颖羊茅 *Festuca parvigluma* Steud.

有分布。浅山区及平原路旁、林下。

42. 紫羊茅 *Festuca rubra* L.

有分布。山坡、草地。

43. 大牛鞭草 *Hemarthria altissima*（Poir.）Stapf et C. E. Hubb.

有分布。水边或湿地上。

44. 黄茅 *Heteropogon contortus*（L.）P. Beauv. ex Roem. et Schult.

路边草丛。

45. 白茅 *Imperata cylindrical*（L.）Raeusch.

有分布。坡地、路边。

46. 柳叶箬 *Isachne globosa*（Thunb.）Kuntzc

有分布。河边、池塘、湿地。

47. 菭草 *Koeleria macrantha*（Ledeb.）Schult.

有分布。山坡、草地或路边。

48. 千金子 *Leptochloa chinensis*（L.）Nees.

有分布。潮湿处。

49. 黑麦草 *Lolium perenne* L.

山坡。海拔约 695 m。

50. 细叶臭草 *Melica radula* Franch.

广布。路边、山顶、石壁上、沟底、山坡。海拔 400 ～ 1 300 m。

51. 臭草 *Melica scabrosa* Trin.

广布。路边、山顶、石壁上、沟底、山坡。海拔 400 ～ 1 300 m。

52. 莠竹 *Microstegium vimineum*（Trin.）A. Camus

山顶草地、山地路边草丛。海拔 380 ～ 1 150 m。

53. 粟草 *Milium effusum* L.

有分布。林下及阴湿草地。

54. 芒 *Miscanthus sinensis* Andersson

有分布。干燥草地、路边草丛、山坡林下。

55. 荻 *Miscanthus sacchariflorus* （Maxim.） Hack

路边林下。

56. 乱子草 *Muhlenbergia huegelii* Trin.

田家沟。路边草丛。海拔 600 m。

57. 日本乱子草 *Muhlenbergia japonica* Steud.

有分布。山谷、溪旁阴湿处。

58. 求米草 *Oplismenus undulatifolius* （Ard.） P. Beauv.

车佛沟、龙床沟。林下阴湿地、路边草丛。海拔 500 ～ 1 100 m。

59. 狼尾草 *Pennisetun alopecuroides* （L.） Spreng.

有分布。山坡林下、路边草丛。

60. 白草 *Pennisetum flaccidum* Griseb.

广布。山坡水边、山坡草地。海拔 400 ～ 1 000 m。

61. 茅根 *Perotis indica* （L.） Kuntz

有分布。沙地、灌木丛、草地。

62. 芦苇 *Phragmites australis* （Cav.） Trin. ex Steud.

有分布。池塘、河边、低湿地或沙地。

63. 早熟禾 *Poa annua* L.

石板岩、三亩地有分布。山坡草地、路旁或阴湿处。

64. 林地早熟禾 *Poa nenioralis* L.

有分布。山坡林下。

65. 泽地早熟禾 *Poa palustris* L.

山坡林下。

66. 细叶早熟禾 *Poa pratensis* L. subsp. *angiistifolia* （L.） Lej.

有分布。干燥山坡草地。

67. 硬质早熟禾 *Poa sphondylodes* Trin.

洪谷山、天平山有分布。草地、路旁及山坡。

68. 棒头草 *Polypogon fugax* Nees ex Steud.

石板岩。河沟、水边、湿地。

69. 长亡棒头草 *Polypogon monspeliensis* （L.） Desf.

石板岩。河沟、水边、湿地。

70. 裂稃茅 *Schizachne purpurascens* subsp. *Callosa* T. Koyama et Kawano

有分布。生于山坡、林下。

71. 大狗尾草 *Setaria faberi* R. A. W. Herrm.

有分布。常见田间杂草，生于荒野及山坡。

72. 金色狗尾草 *Setaria pumila* （Poir.） Roem. et Schult.

路边草丛。海拔 1 100 ～ 1 200 m。

73. 狗尾草 *Setaria viridis* （L.） P. Beauv.

广布。路边草丛、山坡路边、山坡林下。海拔 400 ～ 1 200 m。

74. 油芒 *Spodiopogon cotulifer* （Thunb.） Hack.

王相岩。路边林下。海拔 600 ～ 700 m。

75. 大油芒 *Spodiopogon sibiricus* Trin.

四方垴、黄华山。路边、山坡林下。海拔 900 ～ 1 000 m。

76. 长芒草 *Stipa bungeana* Trin.

苍龙山、马鞍垴。山顶草地、山坡林下、路边草地，海拔 600 ～ 1 100 m。

77. 沙生针茅 *Stipa caucasica* Schmalh. subsp. *Glareosa* （P. A. Smim.） Tzvelev

有分布。石质山坡、丘陵。

78. 黄背草（阿拉伯黄背草）*Themeda triandra* Forssk.

广布。路边草丛、山坡林下。海拔 500 ～ 1 300 m。

79. 虱子草 *Tragus berteronianus* Schult.

有分布。路旁、荒野、丘陵和村庄旁。

80. 中华草沙蚕 *Tripogon chinensis* （Franch.） Hack.

鲁班壑。石壁上。海拔约 1 100 m。

（七）水鳖科 Hydrocharitaceae

1. 黑藻 *Hydrilla verticillata* （L. f.） Royle

有分布。淡水中。

2. 罗氏轮叶黑藻（变种）*Hydrilla verticillata* var. *roxburghii* Casp.

有分布。淡水中。

3. 水鳖 *Hydrocharis dubia* （Blume） Backer

分水岭。池塘、溪流、静水中。

4. 水车前 *Ottelia alismoides* （L.） Pers.

有分布。湖泊、沟渠、池塘、积水洼地。

5. 苦草 *Vallisneria natans* （Lour.） H. Hara

有分布。沟渠、池塘、河流中。

（八）鸢尾科 Iridaceae

1. 射干 *Belamcanda chinensis* （L.） DC.

有分布。林缘、山坡草地、阳坡习见。海拔 1 200 m 以下。

2. 野鸢尾 *Iris dichotoma* Pall.

有分布。山坡林下、山谷林中。

3. 蝴蝶花 *Iris japonica* Thunb.

栽培。

4. 马蔺 *Iris lactea* Pall.

有分布。沟边草地及草甸、荒地、路旁也有。

5. 紫苞鸢尾 *Iris ruthenica* Ker Gawl.

高家台、大垴。山顶草地。

6. 细叶鸢尾 *Iris tenuifolia* Pall.

有分布。海拔 1 000 m 以下的山坡、沙地或沙丘。

（九）灯心草科 Juncaceae

1. 小花灯心草 *Juncus articulatus* L.

石板岩、东安。山坡林下水湿处、沟渠边。海拔 600 ～ 1 100 m。

2. 小灯心草 *Juncus bufonius* L.

有分布。河岸、湿地。

3. 扁茎灯心草（细灯心草）*Juncus gracillimus* V. I. Krecz. et Gontsch.

有分布。河岸、湿地。

（十）浮萍科 Lemnaceae

1. 浮萍 *Lemna minor* L.

有分布。水中。

2. 紫萍 *Spirodela polyrhiza* （L.） Schleid.

有分布。水中。

3. 无根萍 *Wolffia globosa* （Roxb.） Hartog et Plas

有分布。水中。

（十一）百合科 Liliaceae

1. 粉条儿菜 *Aletris spicata* （Thunb.） Franch.

有分布。山坡路边。

2. 矮韭 *Allium anisopodium* Ledeb.

有分布。路边草地、路边林下。

3. 砂韭 *Allium bidentatum* Fisch. ex Prokh. et Ikonn.-Gal.

有分布。海拔 700 m 以上的向阳山坡、草地。

4. 黄花葱 *Allium condensatum* Turcz.

有分布。海拔 1 300 m 以下的山坡草地或林缘。

5. 薤白 *Allium macrostemon* Bunge

广布。山坡、丘陵、山谷、荒地、果园。

6. 多叶韭 *Allium plurifoliatum* Rendle

有分布。山坡林下。

7. 碱韭 *Allium polyrhizum* Turcz. ex Regel

有分布。海拔 1 000 m 以上的向阳山坡或草地上。

8. 太白山葱（太白韭）*Allium prattii* C. H. Wright

有分布。山坡林下。

9. 野韭 *Allium ramosum* L.

广布。海拔 500 m 以上的向阳山坡、草地及灌木丛中。

10. 山韭 *Allium senescens* L.

有分布。岩石缝中。

11. 雾灵韭 *Allium stenodon* Nakai et Kitag.

有分布。石缝中。

12. 细叶韭 *Allium tenuissimum* L.

有分布。路边草地。

13. 球序韭 *Allium thunbergii* G. Don

有分布。干燥草地、路边草丛。

14. 韭 *Allium tuberosum* Rottl. ex Spreng.

有分布。路边草丛、山坡林下。

15. 合被韭 *Allium tubiflorum* Rendle

有分布。路边林下。

16. 茖葱 *Allium victorialis* L.

太极冰山有分布。阴湿山坡、林下、草地。

17. 白花葱 *Allium yanchiense* J. M. Xu

有分布。沟谷、山坡。

18. 知母 *Anemarrhena asphodeloides* Bunge

有分布。海拔 1 300 m 以下的山坡、草地或路旁较干燥处。

19. 攀缘天门冬 *Asparagus brachyphyllus* Turcz.

有分布。海拔 700 m 以上的山坡、田边或灌木丛中。

20. 天门冬 *Asparagus cochinchinensis* （Lour.） Merr.

山顶草地、山坡林下。

21. 兴安天门冬 *Asparagus dauricus* Link

有分布。山坡林下。

22. 羊齿天门冬 *Asparagus filicinus* Buch.-Ham. ex D. Don

有分布。林下、山谷。

23. 南玉带 *Asparagus oligoclonos* Maxim.

有分布。山坡路边、路边草丛。

24. 龙须菜 *Asparagus schoberioides* Kunth

有分布。路边。

25. 曲枝天门冬 *Asparagus trichophyllus* Bunge

有分布。山沟草地。

26. 绵枣儿 *Barnardia japonica* （Thunb.） Schult. et Schult. f.

有分布。山地路边草丛。

27. 七筋菇 *Clintonia udensis* Trautv. et C. A. Mey.

有分布。海拔约 1 000 m 的高山或阴坡林下。

28. 铃兰 *Convallaria majalis* L.

有分布。海拔 900 m 以上的林下阴湿处。

29. 少花顶冰花 *Gagea pauciflora* （Turcz. ex Trautv.）Ledeb.

有分布。海拔 500 ～ 1 300 m 的山坡草地、田边、荒地。

30. 黄花菜 *Hemerocallis citrine* Baroni

有分布。海拔 1 300 m 以下的山坡、山谷、荒地或林缘、平原及丘陵地区。

31. 北萱草 *Hemerocallis esculenta* Koidz.

山顶草地。海拔约 1 000 m。

32. 萱草 *Hemerocallis fulva* （L.）L.

有分布。山沟湿润处。

33. 小黄花菜 *Hemerocallis minor* Mill.

有分布。海拔 1 300 m 以下的山坡草地或林下。

34. 百合 *Lilium brownii* F. E. Br. ex Miellez var. *viridulum* Baker

山坡林下。

35. 渥丹 *Lilium concolor* Salisb.

有分布。海拔 400 m 以上的山坡草丛、路旁、灌木林下及石缝中。

36. 有斑百合 *Lilium concolor* Salisb. var. *pulchellum* （Fisch.）Regel

有分布。阳坡草地和林下湿地。

37. 山丹 *Lilium punulum* Redoute

车佛沟、高家台。山坡林下、山顶草地，海拔约 1 100 m。

38. 卷丹 *Lilium tigrinum* Ker Gawl.

艾好坪。野生或栽培。

39. 禾叶山麦冬 *Liriope graminifolia* （L.）Baker

广布。山坡林下。海拔 400 ～ 1 500 m。

40. 山麦冬 *Liriope spicata* （Thunb.）Lour.

有分布。山沟石壁。

41. 三花洼瓣花（三花顶冰花）*Lloydia triflora* （Ledeb.）Baker

有分布。海拔 1 000 m 以下的山坡灌木丛中或溪旁。

42. 舞鹤草 *Maianthemum bifolium* （L.）F. W. Schmidt

云台山有分布。海拔约 1 000 m 的阴坡林下。

43. 管花鹿药 *Maianthemum henryi* （Baker）La Frankie

有分布。海拔 800 m 以上的林下、灌木丛及湿地或林缘。

44. 鹿药 *Maianthemum japonicum* （A. Gray）La Frankie

太极冰山有分布。林下阴湿处。海拔 1 300 m。

45. 麦冬 *Ophiopogon japoniciis* （L.f.）Ker Gawl.

有分布。山坡阴湿处、林下或溪旁。

46. 七叶一枝花（重楼）*Paris polyphylla* Sm.

有分布。海拔 1 000 m 以上林下或山谷阴湿处。

47. 狭叶重楼 *Paris polyphylla* Sm. var. *stenophylla* Franch.

有分布。海拔 1 000 m 以上林下或草丛阴湿处。

48. 北重楼 *Paris verticillata* M.-Bieb.

太极冰山有分布。林下阴湿处。海拔 1 300 m。

49. 大苞黄精 *Polygonatum megaphyllum* P. Y. Li

有分布。海拔 1 000 m 以上的山坡林下或灌木丛中。

50. 多花黄精 *Polygonatum cyrtonema* Hua

林下。海拔约 1 065 m。

51. 二苞黄精 *Polygonatum involucratum* （Franch. et Sav.） Maxim.

太极冰山有分布。林下或阴湿山坡。海拔 1 200 m。

52. 玉竹 *Polygonatum odoratum* （Mill.） Druce

有分布。山坡路边。

53. 黄精（鸡头根）*Polygonatum sibiricum* Redouté

有分布。山坡林下、山谷。

54. 轮叶黄精 *Polygonatum verticillatum* （L.） All.

有分布。路边草地、岩壁上。

55. 菝葜 *Smilax china* L.

山坡路边、山坡林下。

56. 土茯苓 *Smilax glabra* Roxb.

路边林下。

57. 黑果菝葜 *Smilax glaucochina* Warb.

有分布。海拔 1 300 m 以下的林下、灌木丛中或山坡上。

58. 防己叶菝葜 *Smilax menispermoidea* A. DC.

山坡林下，海拔 900 ～ 1 000 m。

59. 牛尾菜 *Smilax riparia* A. DC

海拔 1 300 m 以下的林下灌木丛、山沟或山坡草地。

60. 短梗菝葜 *Smilax scobinicaulis* C. H. Wright

洪谷山。山坡、林下、路边。

61. 华东菝葜 *Smilax sieboldii* Miq.

有分布。山坡林下。

62. 鞘柄菝葜 *Smilax stans* Maxim.

四方垴、大垴。山坡、山坡林下。海拔 1 000 m。

63. 糙柄菝葜 *Smilax trachypoda* Norton

山坡林下、路边草丛。海拔 600 ～ 1 000 m。

64. 藜芦 *Veratrum nigrum* L.

太极冰山有分布。山坡林下或草丛中。海拔 1 300 m。

65. 棋盘花 *Anticlea sibirica* （L.） Kunth

太极冰山有分布。林下阴湿处。

66. 荞麦叶大百合 *Cardiocrinum cathayanum* （Wilson） Stearn

水段、王相岩。林下草丛中。

67. 沿阶草 *Ophiopogon bodinieri* Levl.

生于海拔 600 m 以上的山坡、山谷潮湿处、沟边、灌木丛下或林下。

（十二）茨藻科 Najadaceae

1. 草茨藻 *Najas graminea* Delile

有分布。池塘、缓流河水中。

2. 大茨藻 *Najas marina* L.

有分布。池塘、缓流河水中。

3. 小茨藻 *Najas minor* All.

有分布。池塘、水沟。

4. 角果藻 *Zannichellia palustris* L.

有分布。池塘、静水中。

（十三）兰科 Orchidaceae

1. 凹舌掌裂兰（凹舌兰）*Dactylorhiza viridis* R. M. Bateman，Pridgeon & M. W. Chase

山坡路边。

2. 杜鹃兰 *Cremastra appendiculata* （D. Don） Makino

山坡林下阴湿处。

3. 河北块花兰 *Galearis tschiliensis* X. Qi Chen，P. J. Cribb et S. W. Gale

海拔约 1 000 m 的山坡草地。

4. 天麻 *Gastrodia elata* Blume

有分布。海拔 700～1 300 m 的山坡林下、灌木丛下。

5. 小斑叶兰 *Goodyera repens* （L.） R .Br

有分布。路边。

6. 粗距舌喙兰 *Hemipilia crassicalcarata* S. S. Chien

贤麻沟路边。海拔 600～700 m。

7. 角盘兰 *Herminium monorchis* （L.） R. Br.

路边草丛。海拔 1 100～1 200 m。

8. 小斑叶兰 *Goodyera repens* （L.） R. Br.

生于海拔 700 m 以上的山坡、沟谷林下。

9. 对叶兰 *Neottia puberula* （Maxim.） Szlach.

有分布。密林下阴湿处。

10. 二叶兜被兰 *Neottianthe cuculata* （L.） Schltr.

路边草丛中。海拔 1 100～1 200 m。

11. 绥草 *Spiranthes sinensis* （Pers.） Ames

有分布。路边草丛中，海拔 1 100～1 200 m。

（十四）雨久花科 Pontederiaceae

1. 鸭舌草（水锦葵）*Stonochoria vaginalis* （Burm. F.） C. Presl

有分布。浅水池塘、溪流中。

（十五）眼子菜科 Potamogetonaceae

1. 菹草 *Potamogeton crispus* L.

有分布。水沟、池塘、溪流中。

2. 眼子菜 *Potamogeton distinctus* A. Benn.

有分布。池塘、溪水中。

3. 光叶眼子菜 *Potamogeton lucens* L.

有分布。沟塘和溪流静水中。

4. 微齿眼子菜 *Potamogeton maackianus* A. Benn.

有分布。池塘、河流静水中。

5. 钝叶眼子菜 *Potamogeton obtusifolius* Mert. et W. D. J. Koch

有分布。水沟、池塘、溪流中。

6. 穿叶眼子菜 *Potamogeton perfoliantus* L.

有分布。水沟、池塘、溪流中。

7. 小眼子菜 *Potamogeton pusillus* L.

有分布。池塘、水沟、静水中。

8. 篦齿眼子菜 *Stuckenia pectinata* （Linnaeus） Borner

有分布。水沟、池塘、溪流中。

（十六）黑三棱科 Sparganiaceae

1. 黑三棱 *Sparganium stoloniferum* Buch.-Ham.ex Juz.

有分布。池塘、河边等近水地方有生长。

（十七）香蒲科 Typhaceae

1. 无苞香蒲 *Typha laxmannii* Lepech.

有分布。湿地及浅水中。

2. 香蒲 *Typha orientalis* C. Presl.

有分布。湿地及浅水中。

3. 宽叶香蒲 *Typha latifolia* L.

池塘、沟渠、河流的缓流浅水带。

4. 小香蒲 *Typha minima* Funk.

有分布。生于池塘、水沟边浅水处，亦常见于一些水体干枯后的湿地及低洼处。

林虑山野生资源植物

第一节 概　述

　　资源植物是指一切对人类有用的植物资源的总称，是人类赖以生存的"衣、食、住、行"的基础。植物自然资源的拥有量是一个国家及地区综合实力的体现，也是经济发展的基础及有力保障。我国地大物博，蕴藏着丰富的野生植物资源。自 20 世纪 50 年代以来，我国植物学及相关领域的科学家就已经开始对我国的野生植物资源进行摸底调查，随之，我国野生植物资源开发利用方面的研究及实践均取得了可喜的成就。

　　然而，随着现代科学技术的进步，国际竞争越来越激烈，发达国家凭借先进的科技纷纷发展相关产业，在很多领域其产业规模都已经超过了中国，并严重威胁到我国的农业生产优势。我国茶叶产量和出口降到世界第二和第三，我国大豆年产量降到世界第四，由世界最大的生产出口国成为纯进口国等。所有这些都使我们面临资源优势逐渐丧失的危机，因此资源植物相关领域的研究及持续利用尤其重要。

　　林虑山风景区位于我国南北植物区系的重要地理分界线和过渡带的太行山南麓，具有特殊的地质构造和地层岩性条件，地貌类型复杂多样，为典型的构造剥蚀地貌。得天独厚的自然条件使得林虑山风景区不仅具有丰富的生物资源，也是一些珍奇植物和动物在我国北方生长与分布的北界。

一、林虑山野生资源植物的特点

（一）丰富性

　　据统计，林虑山风景区的维管植物有 1 175 种，其中近一半的种为已知用途的资源植物。林虑山风景区具有如此丰富多样的植物资源，其开发利用潜力较大。每一种资源科学合理的开发和利用，都将可能形成新的经济增长点或新型的产业。

　　以林虑山风景区分布的碎米桠 *Isodon rubescens*（又称冬凌草）为例。冬凌草自古以来为太行山区民间常年的茶饮。因其清热解毒、清咽利喉、消肿止痛的功效盛行于当地，并被誉为"神奇草"。民间有"日饮冬凌草一碗，防皱祛斑养容颜，亮嗓清音苦后甘，驱除病魔身心安"之说。

　　冬凌草是一种具有综合开发利用价值的植物。冬凌草全草入药，有良好的清热解毒、活血止痛、抑菌和抗肿瘤作用。冬凌草与化疗及其他抗癌药物配合治疗癌症有明显的增效作用，这是一般抗癌药物所不及的。冬凌草含有冬凌草甲素、冬凌草乙素和迷迭香酸 3 种主要活性成分，含量在冬凌草中高达 0.5%，远远高于其他药用植物的活性成分含量。

由于人们生活习惯的改变和环境污染的加剧，目前世界各国癌症发病率在不断上升。中国从 20 世纪 70 年代至今，癌症发病率已增加了 1 倍以上，开发全新来源的抗癌药物已成为国内外医学界的重要课题，与化学合成的抗癌药相比，植物抗癌药的毒副作用小得多，因此植物药现已成为抗癌新药的重要来源。

冬凌草还具有重要的水土保持作用，冬凌草原产地气候比较恶劣，在长期的适应性演化过程中，冬凌草具有耐寒、耐旱、病虫害少等特点，冬凌草根系发达，萌蘖力强，生长迅速，适宜水土流失和干旱地区作为生态经济植物推广栽培。冬凌草枝叶繁茂，叶表面粗糙度大，可有效地承接降雨，其落叶可减少地表径流。冬凌草发达的根系还可增强土壤的抗蚀能力，可用于沟头及沟岸防护。

冬凌草还具有较高的观赏价值。冬凌草花期长、花量大，也是很好的蜜源植物。

另外，连翘也是林虑山风景区分布较多、利用较广的资源植物，当地群众常利用其干燥叶片作为茶品。连翘的茎、叶、果实、根均可入药，能够清热解毒、消肿散结。连翘还具有美颜作用，其花及未熟的果实，采集后用水煮 20 分钟，每天早上或睡前用此水洗脸，有良好的杀菌、杀螨、养颜护肤作用。连翘早春先叶开花，花开香气荡漾，满枝金黄，是早春优良的观赏植物。

（二）多用性

林虑山风景区不仅具有丰富的野生植物资源，而且其中不少种类还具有多种用途。以蔷薇科的山楂 *Crataegus pinnatifida* Bge. 为例。山楂的果实可食，山楂中还含有丰富的钙和胡萝卜素，钙含量居水果之首，胡萝卜素的含量仅次于枣和猕猴桃。由于山楂富含多种有机酸，且山楂中的维生素 C 即使在加热的情况下也不致被破坏，所以，制成山楂糕等制品后，维生素 C 仍能保存。

山楂有重要的药用价值，其果实入药，自古以来就是健脾开胃、消食化滞和活血化痰的良药。目前，已有 50 多种中药配方以山楂作为原料。

山楂除富含胡萝卜素和钙外，还富含齐墩果酸、鸟素酸、山楂素等三萜类烯酸和黄酮类等有益成分（黄酮类多聚黄烷、三聚黄烷、鞣质等多种化学成分），能舒张血管，加强和调节心肌，增大心室和心运动振幅及冠状动脉血流量，降低血清胆固醇和降低血压。山楂中含有的牡荆素等化合物还具有抗癌作用，常食用山楂有利于防癌。山楂中果胶含量居所有水果之首，达 6.4%。据最新研究，果胶有防辐射的作用，能从体内带走一半的放射性元素（锶、钴、钯等）。

一种资源多种用途的例子还有很多，桑科中的桑 *Morus alba* L. 也是如此，具有多种用途。桑叶为桑蚕饲料，其木材可制器具，其枝条可编箩筐。桑皮是造纸原料，桑葚可供食用、酿酒，其叶、果和根皮又可入药等。

（三）再生性及有限性

植物资源的再生性是指植物资源可以通过自然更新或人工栽培繁衍后代，并被持续利用。然而，植物资源虽然是可再生的，但它并不是取之不尽、用之不竭的。人类活动的不断增强及自然灾害的频繁发生正在威胁着人类赖以生存的植物资源的自然更新及繁殖。植物资源的数量不仅有限，其分布还具有强烈的区域性，每种资源都要求适宜其生长的特定生境。如果其特定的生存环境遭到破坏，该植物就无法生存，甚至有可能走向消亡。

二、林虑山资源植物分类

根据林虑山风景区野外调查，并对林虑山风景区的资源植物进行了编目，基于植物资源的用途，将林虑山风景区资源植物划分为以下 15 个类型。

（一）淀粉植物

淀粉是植物储藏的主要营养物质之一，也是人类重要的食品之一。随着人们生活水平的不断提高，营养食品越来越受到欢迎，有些野生淀粉植物已经被开发成保健食品，如葛根淀粉、栓皮栎果实淀粉。淀粉植物不仅可食用，而且还可用于造纸、纺织、医药、印染、铸造、印刷等工业生产。林虑山风景区约有 86 种淀粉植物。

（二）芳香植物

芳香植物可分为工业用及食用香料。我国已发现的芳香植物有 400 余种，林虑山风景区约有 82 种。芳香植物不仅可以成为人们日常饮食的佐料，还是化妆品、食品、饮料、香烟等工业的重要原材料。

（三）药用植物

我国药用植物种类极为丰富，现已发现的药用植物种类已有 1 万多种，其中绝大多数为野生植物。我国使用中草药已有 2 000 多年的历史，近年来随着民族植物学的发展，我国民间药用植物的开发也在不断发展，其中还有很多兽用药。林虑山风景区分布有药用植物约 667 种。

（四）油料植物

植物油脂不仅是人类食品的重要组成部分，而且是医药、化工及国防工业的重要原材料。我国已知的油料植物有 900 余种，林虑山风景区约有 120 种。

（五）纤维植物

纤维植物种类较多，用途十分广泛。我国劳动人民对纤维植物的认识及应用历史悠久，自汉代就开始造纸。苎麻是应用较早的织布原料；桑科中一些植物的韧皮纤维仍是制造特种纸张和高级文化用纸的最好原料；榆科植物青檀则是著名的宣纸原材料；作为刷子及填充物的纤维植物也较多。林虑山风景区有纤维植物约 102 种。

（六）饲料及牧草植物

我国有丰富的饲料及牧草植物资源。不同植物具有不同的饲用价值，即使同一牧草在不同的发育阶段也有不同的适口性。根据适口性及营养价值的不同，还可以将饲用植物进一步分类。林虑山风景区有此类植物约 200 种。

（七）园林绿化观赏植物

园林绿化观赏植物包括各种应用于绿地、行道树、庭院、地被等绿化美化的植物。随着生活水平的提高，人们对园林观赏植物资源的需求也越来越多。林虑山风景区有着丰富的园林和观赏植物资源，约有此类植物 518 种。

（八）蜜源植物

养蜂业是我国国民经济的重要组成部分，而丰富的蜜源植物则是发展养蜂业的基础。我国已发现的蜜源植物有 300 多种。由于这些蜜源植物分布广、花期不同，如何建立天然和人工的养蜂基地成为我国养蜂事业发展中的一个重要环节。林虑山风景区约有蜜源植物 78 种。

（九）木材植物

木材植物与人类的日常生活密切相关。我国有木材植物 3 000 余种，但却是人均森林面积较少的国家。随着国民经济的快速发展、大面积的森林被砍伐，我国正面临着生态环境日益恶化的严峻挑战。开发及营造速生树种及林地就显得格外紧迫。林虑山风景区有木材植物约 94 种。

（十）农药植物

农药植物常与有毒植物联系在一起。我国民间对农药植物的应用较早，自西周（前1046—前 771）就已经开始应用植物来杀虫。《中国土农药志》（1959）收集了农药植物 403 种。随着人们对化学农药危害的进一步认识，如何提取高效、易降解、无残留的杀虫杀菌成分，越来越受到关注。林虑山风景区有农药植物约 59 种。

（十一）染料植物

染料植物在我国的应用历史悠久。由于植物色素具有无毒害的优点，人们也越来越重视此类植物的开发及应用。染料植物还是很多轻工业的原材料。林虑山风景区有染料植物约 70 种。

（十二）鞣料植物

鞣料植物是有机酚类复杂化合物的总称。鞣质又称单宁，栲胶是它的商品名称。单宁在皮革工业、渔网制造业、墨水制造、纺织印染、石油、化工、医疗等领域都有广泛的用途。目前已知鞣料植物有 300 多种，林虑山风景区约有 105 种。

（十三）野菜植物

我国劳动人民在长期的实践中开发了多种野生蔬菜。随着经济的发展和生活水平的日益提高，人们更加注重多种营养的平衡和身体的全面健康，回归自然的理念也就越来越成为人们的自觉选择和生活习惯，从而对这些食用野生植物的需求量也就越大。林虑山风景区有此类植物约 292 种。

（十四）野生水果

野生水果由于含有丰富的维生素，且无农药等污染，备受人们的青睐。林虑山风景区野生水果植物有 42 种。

（十五）重要的农作物和特殊经济材料种质资源植物

植物的种质不仅存在于繁殖器官中，而且还存在于营养器官、组织和细胞中。在自然条件下，植物营养繁殖往往也是物种延续种质的方法之一。在人工条件下，人们可以利用生物技术建立种质库，将离体培养的植物器官、组织和细胞在低温或超低温下保存，需要时可随时取出，再生成植株，发挥保存物种的作用。林虑山风景区有此类植物 6 种。

三、资源植物的开发与持续利用

林虑山风景区具有丰富的野生资源植物。然而对这些植物资源的认识及开发利用还远远不够，开发潜力还很大。植物资源的开发利用，不仅要与生产技术相适应，而且要与社会经济发展、社会需求相适应，这就是植物资源开发中的时效性。

林虑山风景区旅游业的日益蓬勃发展，无疑将带动当地经济的迅速发展。然而随着经济的发展，人类活动不断增强，这将加速人与自然之间生态平衡的失调，过度开发利用使资源的破坏及浪费问题日趋突出。野生植物的过度采挖以及所伴随的自然灾害（如气候变化引起的病虫害蔓延、森林火灾等）将严重影响野生植物资源的再生性。过度的开发利用所获得的利益只是暂时的，恢复原有的生态平衡所要付出的代价远远大于所获得的暂时利益，而且时间是漫长的。因此，资源植物的开发从持续利用的角度出发，将资源植物的开发利用和相应的保护措施有机结合才是持续利用的有效途径，从而使丰富的资源植物永久地造福于人类。

第二节　林虑山资源植物名录

一、淀粉植物

（一）鳞毛蕨科 Dryopteridaceae

贯众 *Cyrtomium fortunei* J. Sm.

（二）银杏科 Ginkgoaceae

银杏 *Ginkgo biloba* L.

（三）桦木科 Betulaceae

榛 *Corylus heterophylla* Fisch. ex Trautv.

毛榛 *Corylus mandshurica* Maxim.

（四）壳斗科 Fagaceae

板栗 *Castanea mollissima* Blume

栓皮栎 *Quercus variabilis* Blume

麻栎 *Quercus acutissima* Carr.

槲树 *Quercus dentata* Thunb.

槲栎 *Quercus aliena* Blume

锐齿槲栎 *Quercus aliena* var. *acutiserrata* Maximowicz ex Wenzig

房山栎 *Quercus × fangshanensis* Liou

蒙古栎 *Quercus mongolica* Fischer ex Ledebour

（五）榆科 Ulmaceae

白榆 *Ulmus pumila* L.

（六）桑科 Moraceae

柘树 *Maclura tricuspidata* Carriere

（七）毛茛科 Ranunculaceae

毛茛 *Ranunculus japonicas* Thunb.

（八）蓼科 Polygonaceae

皱叶酸模 *Rumex crispus* L.

翼蓼 *Pteroxygonum giraldii* Damm. et Diels

萹蓄 *Polygonum aviculare* L.

习见蓼 *Polygonum plebeium* R. Br.

拳参 *Polygonum bistorta* L.

珠芽蓼 *Polygonum viviparum* L.

戟叶蓼 *Polygonum thunbergii* Sieb. et Zucc.

（九）苋科 Amaranthaceae

尾穗苋 *Amaranthus caudatus* L.

反枝苋 *Amaranthus retroflexus* L.

（十）石竹科 Caryophyllaceae

麦蓝菜 *Vaccaria hispanica* （Miller） Rauschert

（十一）防己科 Menispermaceae

木防己 *Cocculus orbiculatus* （L.） DC.

（十二）蔷薇科 Rosaceae

地榆 *Sanguisorba officinalis* L.

西北枸子 *Cotoneaster zabelii* Schneid.

翻白草 *Potentilla discolor* Bge.

委陵菜 *Potentilla chinensis* Ser.

（十三）豆科 Fabaceae

槐 *Styphnolobium japonicum* （L.） Schott

葛 *Pueraria montana* （Loureiro） Merrill

野大豆 *Glycine soja* Sieb. et Zucc.

歪头菜 *Vicia unijuga* A. Br.

花木蓝 *Indigofera kirilowii* Maxim. ex Palibin

大山黧豆 *Lathyrus davidii* Hance

（十四）胡颓子科 Elaeagnaceae

中国沙棘 *Hippophae rhamnoides* subsp. *sinensis* Rousi

（十五）萝藦科 Asclepiadaceae

变色白前 *Cynanchum versicolor* Bunge

（十六）旋花科 Convolvulaceae

打碗花 *Calystegia hederacea* Wall.

番薯 *Ipomoea batatas* （L.） Lamarck

（十七）唇形科 Lamiaceae

地笋 *Lycopus lucidus* Turcz.

（十八）茄科 Solanaceae

阳芋 *Solanum tuberosum* L.

假酸浆 *Nicandra physalodes* （L.） Gaertner

（十九）葫芦科 Cucurbitaceae

栝楼 *Trichosanthes kirilowii* Maxim.

（二十）桔梗科 Campanulaceae

桔梗 *Platycodon grandiflorus* （Jacq.） A. DC.

党参 *Codonopsis pilosula* （Franch.） Nannf.

荠苨 *Adenophora trachelioides* Maxim.

杏叶沙参 *Adenophora hunanensis* Nannf.

秦岭沙参 *Adenophora petiolata* Pax et Hoffm.

多歧沙参 *Adenophora potaninii* subsp. *wawreana*

轮叶沙参 *Adenophora tetraphylla* （Thunb.） Fisch.

（二十一）木樨科 Oleaceae

女贞 *Ligustrum lucidum* Ait.

（二十二）菊科 Asteraceae

菊芋 *Helianthus tuberosus* L.

苍术 *Atractylodes lancea* （Thunb.） DC.

（二十三）泽泻科 Alismataceae

泽泻 *Alisma plantago-aquatica* L.

慈姑 *Sagittaria trifolia* L.

（二十四）禾本科 Poaceae

野黍 *Eriochloa villosa* （Thunb.） Kunth

稗 *Echinochloa crus-galli* （L.） P. Beauv.

光头稗 *Echinochloa colona* （Linnaeus） Link

野燕麦 *Avena fatua* L.

雀麦 *Bromus japonicus* Thunb. ex Murr.

白茅 *Imperata cylindrica* （L.） Beauv.

芦苇 *Phragmites australis* （Cav.） Trin. ex Steud.

马唐 *Digitaria sanguinalis* （L.） Scop.

鹅观草 *Elymus kamoji* （Ohwi） S. L. Chen

狗尾草 *Setaria viridis* （L.） Beauv.

金色狗尾草 *Setaria pumila* （Poiret） Roemer & Schultes

（二十五）莎草科 Cyperaceae

香附子 *Cyperus rotundus* L.

荆三棱 *Bolboschoenus yagara* （Ohwi） Y. C. Yang & M. Zhan

（二十六）香蒲科 Typhaceae

香蒲 *Typha orientalis* Presl

宽叶香蒲 *Typha latifolia* L.

（二十七）百合科 Liliaceae

鞘柄菝葜 *Smilax stans* Maxim.

短梗菝葜 *Smilax scobinicaulis* C. H. Wright

黑果菝葜 *Smilax glaucochina* Warb.

华东菝葜 *Smilax sieboldii* Miq.

卷丹 *Lilium tigrinum* Ker Gawler

荞麦叶大百合 *Cardiocrinum cathayanum* （Wilson） Stearn

山丹 *Lilium pumilum* DC.

黄精 *Polygonatum sibiricum* Delar. ex Redoute

二苞黄精 *Polygonatum involucratum* （Franch. et Sav.） Maxim.

轮叶黄精 *Polygonatum verticillatum* （L.） All.

玉竹 *Polygonatum odoratum* （Mill.） Druce

天门冬 *Asparagus cochinchinensis* （Lour.） Merr.

绵枣儿 *Scilla scilloides* Druce

（二十八）薯蓣科 Dioscoreaceae

薯蓣 *Dioscorea polystachya* Turczaninow

穿龙薯蓣 *Dioscorea nipponica* Makino

二、芳香植物

（一）松科 Pinaceae

油松 *Pinus tabuliformis* Carriere

（二）柏科 Cupressaceae

侧柏 *Platycladus orientalis* （L.） Franco

圆柏 *Juniperus chinensis* L.

（三）红豆杉科 Taxaceae

南方红豆杉 *Taxus wallichiana* var. *mairei* （Lemee & H. Léveillé） L. K. Fu & Nan Li

（四）金粟兰科 Chloranthaceae

银线草 *Chloranthus japonicus* Sieb.

（五）苋科 Amaranthaceae

土荆芥 *Dysphania ambrosioides* （Linnaeus） Mosyakin & Clemants

（六）木兰科 Magnoliaceae

五味子 *Schisandra chinensis* （Turcz.） Baill.

华中五味子 *Schisandra sphenanthera* Rehd. et Wils.

（七）石竹科 Caryophyllaceae

石竹 *Dianthus chinensis* L.

（八）芸香科 Rutaceae

花椒 *Zanthoxylum bungeanum* Maxim.

竹叶花椒 *Zanthoxylum armatum* DC.

臭檀吴萸 *Tetradium daniellii* （Bennett） T. G. Hartley

枳 *Citrus trifoliata* L.

（九）安息香科 Styracaceae DC. & Spreng.

玉铃花 *Styrax obassis* Siebold & Zuccarini

（十）漆树科 Anacardiaceae

毛黄栌 *Cotinus coggygria* var. *pubescens* Engl.

红叶 *Cotinus coggygria* var. *cinerea* Engl.

黄连木 *Pistacia chinensis* Bunge

（十一）伞形科 Apiaceae

藁本 *Ligusticum sinense* Oliv.

白芷 *Angelica dahurica* （Fisch. ex Hoffm.） Benth. et Hook. f. ex Franch.

蛇床 *Cnidium monnieri* （L.） Cuss.

芫荽 *Coriandrum sativum* L.

茴香 *Foeniculum vulgare* Mill.

前胡 *Peucedanum praeruptorum* Dunn

小窃衣 *Torilis japonica* （Houtt.） DC.

大齿山芹 *Ostericum grosseserratum* （Maxim.） Kitagawa

（十二）楝科 Meliaceae

香椿 *Toona sinensis* （A. Juss.） Roem.

楝 *Melia azedarach* L.

（十三）蔷薇科 Rosaceae

野蔷薇 *Rosa multiflora* Thunb.

美蔷薇 *Rosa bella* Rehd. et Wils.

单瓣黄刺玫 *Rosa xanthina* f. *normalis* Rehder et E. H. Wilson

（十四）豆科 Fabaceae

刺槐 *Robinia pseudoacacia* L.

紫穗槐 *Amorpha fruticosa* L.

草木樨 *Melilotus officinalis* （L.） Pall.

（十五）猕猴桃科 Actinidiaceae

软枣猕猴桃 *Actinidia arguta* （Sieb. et Zucc.） Planch. ex Miq.

（十六）马鞭草科 Verbenaceae

黄荆 *Vitex negundo* L.

牡荆 *Vitex negundo* var. *cannabifolia* （Sieb.et Zucc.） Hand.-Mazz.

荆条 *Vitex negundo* var. *heterophylla* （Franch.） Rehd.

马鞭草 *Verbena officinalis* L.

（十七）萝藦科 Asclepiadaceae

变色白前 *Cynanchum versicolor* Bunge

（十八）夹竹桃科 Apocynaceae

络石 *Trachelospermum jasminoides* （Lindl.） Lem.

（十九）唇形科 Lamiaceae

三花莸 *Caryopteris terniflora* Maxim.

水棘针 *Amethystea caerulea* L.

藿香 *Agastache rugosa* （Fisch. et Mey.） O. Ktze.

裂叶荆芥 *Nepeta tenuifolia* Bentham

百里香 *Thymus mongolicus* Ronn.

薄荷 *Mentha canadensis* Linnaeus

黄芩 *Scutellaria baicalensis* Georgi

香青兰 *Dracocephalum moldavica* L.

毛建草 *Dracocephalum rupestre* Hance

紫苏 *Perilla frutescens* （L.） Britt.

荆芥 *Nepeta cataria* L.

野草香 *Elsholtzia cyprianii* （Pavolini） S. Chow ex P. S. Hsu

木香薷 *Elsholtzia stauntonii* Benth.

香薷 *Elsholtzia ciliata* （Thunb.） Hyland.

碎米桠 *Isodon rubescens* （Hemsley） H. Hara

内折香茶菜 *Isodon inflexus* （Thunberg） Kudo

蓝萼毛叶香茶菜 *Isodon japonicus* var. *glaucocalyx* （Maximowicz） H. W. Li

（二十）木樨科 Oleaceae

流苏树 *Chionanthus retusus* Lindl. et Paxt.

北京丁香 *Syringa reticulata* subsp. *pekinensis* （Ruprecht） P. S. Green & M. C. Chang

（二十一）忍冬科 Caprifoliaceae

金银花 *Lonicera japonica* Thunb.

金银木 *Lonicera maackii* （Rupr.） Maxim.

（二十二）败酱科 Valerianaceae

缬草 *Valeriana officinalis* L.

（二十三）菊科 Asteraceae

茵陈蒿 *Artemisia capillaris* Thunb.

黄花蒿 *Artemisia annua* L.

青蒿 *Artemisia caruifolia* Buch.-Ham. ex Roxb.

蒙古蒿 *Artemisia mongolica* （Fisch. ex Bess.） Nakai

艾 *Artemisia argyi* Lévl. et Van.

野艾蒿 *Artemisia lavandulifolia* Candolle

白莲蒿 *Artemisia stechmanniana* Bess.

大籽蒿 *Artemisia sieversiana* Ehrhart ex Willd.

佩兰 *Eupatorium fortunei* Turcz.

野菊 *Chrysanthemum indicum* Linnaeus

甘菊 *Dendranthema lavandulifolium* （Fischer ex Trautvetter） Makino

苍术 *Atractylodes lancea* （Thunb.） DC.

鬼针草 *Bidens pilosa* L.

牡蒿 *Artemisia japonica* Thunb.

（二十四）莎草科 Cyperaceae

香附子 *Cyperus rotundus* L.

（二十五）天南星科 Araceae

菖蒲 *Acorus calamus* L.

（二十六）百合科 Liliaceae

山丹 *Lilium pumilum* DC.

铃兰 *Convallaria majalis* L.

三、药用植物

（一）石松科 Lycopodiaceae

石松 *Lycopodium japonicum* Thunb. ex Murray

（二）卷柏科 Selaginellaceae

卷柏 *Selaginella tamariscina* （P. Beauv.） Spring

兖州卷柏 *Selaginella involvens*（Sw.） Spring

垫状卷柏 *Selaginella pulvinata*（Hook. et Grev.） Maxim.

中华卷柏 *Selaginella sinensis* （Desv.） Spring

蔓出卷柏 *Selaginella davidii* Franch.

圆枝卷柏 *Selaginella sanguinolenta* （L.） Spring

（三）水龙骨科 Polypodiaceae

中华水龙骨 *Goniophlebium chinense*（Christ） X.C.Zhang

瓦韦 *Lepisorus thunbergianus*（Kaulf.） Ching

华北石韦 *Pyrrosia davidii* （Baker） Ching

有柄石韦 *Pyrrosia petiolosa*（H. Christ） Ching

（四）木贼科 Equisetaceae

问荆 *Equisetum arvense* L.

节节草 *Equisetum ramosissimum* Desf.

（五）中国蕨科 Sinopteridaceae

银粉背蕨 *Aleuritopteris argentea*（S. G. Gmel.） Fee

陕西粉背蕨 *Aleuritopteris argentea* var. *obscura* Ching

（六）铁线蕨科 Adiantaceae

团羽铁线蕨 *Adiantum capillus-junonis* Rupr.

（七）凤尾蕨科 Pteridaceae

井栏边草 *Pteris multifida* Poir.

（八）裸子蕨科 Hemionitidaceae

普通凤丫蕨 *Coniogramme intermedia* Hieron.

（九）蹄盖蕨科 Athyriaceae

华东蹄盖蕨 *Anisocampium niponicum*（Mett.）Hance

中华蹄盖蕨 *Athyrium sinense* Rupr.

河北对囊蕨 *Deparia vegetior*（Kitagawa）X. C. Zhang

（十）瓶尔小草科 Ophioglossaceae

狭叶瓶尔小草 *Ophioglossum thermale* Kom.

（十一）肿足蕨科 Hypodematiaceae

肿足蕨 *Hypodematium crenatum*（Forssk.）Kuhn

修株肿足蕨 *Hypodematium gracile* Ching

（十二）铁角蕨科 Aspleniaceae

虎尾铁角蕨 *Asplenium incisum* Thunb.

华中铁角蕨 *Asplenium sarelii* Hook.

过山蕨 *Asplenium ruprechtii* Rupr.

普通铁角蕨 *Asplenium subvarians* Ching ex C. Chr.

（十三）鳞毛蕨科 Dryopteridaceae

华北耳蕨（鞭叶耳蕨）*Polystichum craspedosorum*（Maxim.）Diels

革叶耳蕨 *Polystichum neolobatum* Nakai

贯众 *Cyrtomium fortunei* J. Sm.

华北鳞毛蕨 *Dryopteris goeringiana*（Kunze）Koidz.

粗茎鳞毛蕨 *Dryopteris crassirhizoma* Nakai

（十四）槐叶苹科 Salviniaceae

槐叶苹 *Salvinia natans*（L.）All.

（十五）苹科 Matsileaceae

苹 *Marsilea quadrifolia* L.

（十六）银杏科 Ginkgoaceae

银杏 *Ginkgo biloba* L.

（十七）松科 Pinaceae

油松 *Pinus tabuliformis* Carriere

白皮松 *Pinus bungeana* Zucc. ex Endl.

（十八）柏科 Cupressaceae

侧柏 *Platycladus orientalis*（L.）Franco

圆柏 *Juniperus chinensis* L.

（十九）红豆杉科 Taxaceae

南方红豆杉 *Taxus wallichiana* var. *mairei*（Lemee & H. Léveillé）L. K. Fu & Nan Li

（二十）金粟兰科 Chloranthaceae

银线草 *Chloranthus japonicus* Sieb.

（二十一）杨柳科 Salicaceae

毛白杨 *Populus tomentosa* Carrière

山杨 *Populus davidiana* Dode

旱柳 *Salix matsudana* Koidz.

垂柳 *Salix babylonica* L.

（二十二）胡桃科 Juglandaceae

枫杨 *Pterocarya stenoptera* C.DC.

胡桃 *Juglans regia* L.

胡桃楸 *Juglans mandshurica* Maxim

（二十三）桦木科 Betulaceae

白桦 *Betula platyphylla* Sukaczev

红桦 *Betula albosinensis* Burkill

千金榆 *Carpinus cordata* Blume

鹅耳枥 *Carpinus turczaninowii* Hance

榛 *Corylus heterophylla* Fisch. ex Trautv.

（二十四）壳斗科 Fagaceae

板栗 *Castanea mollissima* Blume

麻栎 *Quercus acutissima* Caruth

槲树 *Quercus dentata* Thunb

（二十五）榆科 Ulmaceae

榆树 *Ulmus pumila* L.

春榆 *Ulmus davidiana* var. *japonica* （Rehd.）Nakai

大叶朴 *Celtis koraiensis* Nakai

黑弹树 *Celtis bungeana* Blume

（二十六）大麻科 Cannabaceae

大麻 *Cannabis sativa* L.

葎草 *Humulus scandens* （Lour.） Merr.

（二十七）桑科 Moraceae

桑 *Morus alba* L.

蒙桑 *Morus mongolica* （Bureau） Schneid

鸡桑 *Morus australis* Poir

构树 *Broussonetia papyrifera* （L.） L' Her ex Vent

柘 *Maclura tricuspidata* Carriere

（二十八）荨麻科 Urticaceae

透茎冷水花 *Pilea pumila* （L.） A. Gray

宽叶荨麻 *Urtica laetevirens* Maxim.

悬铃叶苎麻 *Boehmeria tricuspis* （Hance） Makino

小赤麻 *Boehmeria spicata* （Thunb.） Thunb.

墙草 *Parietaria micrantha* Ledeb.

（二十九）檀香科 Santalaceae

百蕊草 *Thesium chinense* Turcz.

急折百蕊草 *Thesium refractum* C. A. Mey.

槲寄生 *Viscum coloratum* （Kom.） Nakai

（三十）马兜铃科 Aristolochiaceae

木通马兜铃 *Aristolochia manshuriensis* Kom

北马兜铃 *Aristolochia contorta* Bunge

（三十一）蓼科 Polygonaceae

翼蓼 *Pteroxygonum giraldii* Damm. et Diels

波叶大黄 *Rheum rhabarbarum* L.

萹蓄 *Polygonum aviculare* L.

习见蓼 *Polygonum plebeium* R. Br.

红蓼 *Polygonum orientale* L.

水蓼 *Polygonum hydropiper*

酸模叶蓼 *Polygonum lapathifolium* L.

齿果酸模 *Rumex dentatus* L.

巴天酸模 *Rumex patientia* L.

酸模 *Rumex acetosa* L.

尼泊尔蓼 *Polygonum nepalense*

杠板归 *Polygonum perfoliatum* L.

长鬃蓼 *Polygonum longisetum* De Br.

支柱蓼 *Polygonum suffultum* Maxim.

拳参 *Polygonum bistorta* L.

箭叶蓼 *Polygonum sagittatum* Linnaeus

（三十二）苋科 Amaranthaceae

刺苋 *Amaranthus spinosus* L.

凹头苋 *Amaranthus blitum* L.

皱果苋 *Amaranthus viridis* L.

繁穗苋 *Amaranthus cruentus* L.

尾穗苋 *Amaranthus caudatus* L.

鸡冠花 *Celosia cristata* L.

青葙 *Celosia argentea* L.

牛膝 *Achyranthes bidentata* Blume

喜旱莲子草 *Alternanthera philoxeroides*（Mart.） Griseb.

（三十三）藜科 Chenopodiaceae

地肤 *Kochia scoparia* （L.） Schrad.

藜 *Chenopodium album* L.

猪毛菜 *Salsola collina* Pall.

土荆芥 *Dysphania ambrosioides* （Linnaeus） Mosyakin & Clemants

（三十四）商陆科 Phytolaccaceae

商陆 *Phytolacca acinosa* Roxb.

（三十五）马齿苋科 Portulacaceae

马齿苋 *Portulaca oleracea* L.

（三十六）石竹科 Caryophyllaceae

石竹 *Dianthus chinensis* L.

瞿麦 *Dianthus superbus* L.

长蕊石头花 *Gypsophila oldhamiana* Miq.

麦蓝菜 *Vaccaria hispanica* （Mill.） Rauschert

鹤草 *Silene fortune* Vis.

浅裂剪秋罗 *Lychnis cognata* Maxim.

蚤缀 *Arenaria serpyllifolia* Linn .

牛繁缕 *Myosoton aquaticum* （L.） Moench

孩儿参 *Pseudostellaria heterophylla* （Miq.） Pax

繁缕 *Stellaria media* （L.） Villars

箐姑草（石生繁缕）*Stellaria vestita* Kurz.

中国繁缕 *Stellaria chinensis* Regel

女娄菜 *Silene aprica* Turcx. ex Fisch. et Mey.

狗筋蔓 *Silene baccifera* （Linnaeus） Roth

石生蝇子草 *Silene tatarinowii* Regel

（三十七）领春木科 Eupteleaceae

领春木 *Euptelea pleiosperma* J. D. Hooker & Thomson

（三十八）金鱼藻科 Ceratophyllaceae

金鱼藻 *Ceratophyllum demersum* L.

（三十九）毛茛科 Ranunculaceae

牛扁 *Aconitum barbatum* var. *puberulum* Ledeb.

大火草 *Anemone tomentosa* （Maxim.） C. Pei

毛蕊银莲花 *Anemone cathayensis* var. *hispida* Tamura

华北楼斗菜 *Aquilegia yabeana* Kitag.

紫花楼斗菜 *Aquilegia viridiflora* var. *atropurpurea*（Willd.） Finet et Gagnep.

短尾铁线莲 *Clematis brevicaudata* DC.

钝（粗）齿铁线莲 *Clematis grandidentata* （H. Lev. et Vaniot） W. T. Wang

棉团铁线莲 *Clematis hexapetala* Pall.

大叶铁线莲 *Clematis heracleifolia* DC.

钝萼铁线莲 *Clematis peterae* Hand.-Mazz.

白头翁 *Pulsatilla chinensis*（Bunge） Regel

茴茴蒜 *Ranunculus chinensis* Bunge

石龙芮 *Ranunculus sceleratus* L.

毛茛 *Ranunculus japonicus* Thunb.

东亚唐松草 *Thalictrum minus* var. *hypoleucum* （Sieb.et Zucc.） Miq.

瓣蕊唐松草 *Thalictrum petaloideum* L.

贝加尔唐松草 *Thalictrum baicalense* Turcz.

（四十）木通科 Lardizabalaceae

三叶木通 *Akebia trifoliata* （Thunb.） Koidz.

（四十一）小檗科 Berberidaceae

淫羊藿 *Epimedium brevicornu* Maxim.

黄芦木 *Berberis amurensis* Rupr.

首阳小檗 *Berberis dielsiana* Fedde

直穗小檗 *Berberis dasystachya* Maxim.

（四十二）防己科 Menispermaceae

蝙蝠葛 *Menispermum dauricum* DC.

木防己 *Cocculus orbiculatus* （L.） DC.

（四十三）木兰科 Magnoliaceae

华中五味子 *Schisandra sphenanthera* Rehd. et Wils.

五味子 *Schisandra chinensis* （Turcz） Baill

（四十四）罂粟科 Papaveraceae

秃疮花 *Dicranostigma leptopodum* （Maxim.） Fecdde

白屈菜 *Chelidonium majus* L.

角茴香 *Hypecoum erectum* L.

小药八旦子 *Corydalis caudata* （Lam.） Pers.

地丁草 *Corydalis bungeana* Turcz.

紫堇 *Corydalis edulis* Maxim.

小花黄堇 *Corydalis racemosa* （Thunb.） Pers.

博落回 *Macleaya cordata* （Willd.） R. Br.

小果博落回 *Macleaya microcarpa* （Maxim.） Fedde

（四十五）十字花科 Brassicaceae

沼生蔊菜 *Rorippa palustris*（L） Besser

细子蔊菜 *Rorippa cantoniensis*（Lour） Ohwi

风花菜 *Rorippa globosa* （Turcz ex Fisch et C A Mey） Hayek

蔊菜 *Rorippa indica* （L） Hiern

独行菜 *Lepidium apetalum* Wild

北美独行菜 *Lepidium virginicum* L.

葶苈 *Draba nemorosa* L.

荠 *Capsella bursa-pastoris* （L.） Medik

诸葛菜 *Orychophragmus violaceus* （L.） O.E. Schulz

白花碎米荠 *Cardamine leucantha* O. E. Schulz

弯曲碎米荠 *Cardamine flexuosa* With.

碎米荠 *Cardamine hirsute* L.

大叶碎米荠 *Cardamine macrophylla* Willd.

豆瓣菜 *Nasturtium officinale* R.Br

播娘蒿 *Descurainia sophia* （L.） Webb ex Prantl

小花糖芥 *Erysimum cheiranthoides* L.

涩荠 *Malcolmia africana* （L.） R. Br.

（四十六）景天科 Crassulaceae

晚红瓦松 *Orostachys japonica* A. Berger

瓦松 *Orostachys fimbriatus* （Turcz） A. Berger

费菜 *Phedimus aizoon* （L.） 't Hart

垂盆草 *Sedum sarmentosum* Bunge

堪察加费菜 *Phedimus kamtschaticus* （Fisch） 't Hart

火焰草 *Castilleja pallid* Franch

（四十七）虎耳草科 Saxifragaceae

落新妇 *Astilbe chinensis* （Maxim.） Franch. et Savat.

中华金腰 *Chrysosplenium sinicum* Maxim.

扯根菜 *Penthorum chinense* Pursh

（四十八）蔷薇科 Rosaceae

三裂绣线菊 *Spiraea trilobata* L.

柔毛绣线菊 *Spiraea pubescens* Turcz.

中华绣线菊 *Spiraea chinensis* Maxim.

绣球绣线菊 *Spiraea blumei* G. Don

山楂 *Crataegus pinnatifida* Bunge

野山楂 *Crataegus cuneata* Sieb. et Zucc.

杜梨 *Pyrus betulifolia* Bunge

豆梨 *Pyrus calleryana* Decne.

地蔷薇 *Chamaerhodos erecta* （L.） Bge.

龙芽草 *Agrimonia pilosa* Ldb.

钝叶蔷薇 *Rosa sertata* Rolfa

美蔷薇 *Rosa bella* Rehd. et Wils.

地榆 *Sanguisorba officinalis* L.

茅莓 *Rubus parvifolius* L.

覆盆子 *Rubus crataegifolius* Bge.

路边青 *Geum aleppicum* Jacq.

蛇莓 *Duchesnea indica* （Andrews） Focke

委陵菜 *Potentilla chinensis* Ser.

三叶委陵菜 *Potentilla freyniana* Bornm.

翻白草 *Potentilla discolor* Bge.

多茎委陵菜 *Potentilla multicaulis* Bge.

山桃 *Amygdalus davidiana* （Carriere） de Vos ex Henry

山杏 *Armeniaca sibirica* （L.） Lam.

欧李 *Cerasus humilis* （Bunge） Sokoloff

（四十九）豆科 Fabaceae

山槐（山合欢）*Albizia kalkora* （Roxb.） Prain

杭子梢 *Campylotropis macrocarpa*（Bunge） Rehder

红花锦鸡儿 *Caragana rosea* Turcz ex Maxim.

锦鸡儿 *Caragana sinica*（Buc'hoz） Rehd.

皂荚 *Gleditsia sinensis* Lam.

野皂荚 *Gleditsia microphylla* Gordon ex Y. T. Lee

苦参 *Sophora flavescens* Aiton

槐 *Styphnolobium japonicum* L.

白刺花 *Sophora davidii* （Franch） Skeels

紫苜蓿 *Medicago sativa* L.

天蓝苜蓿 *Medicago lupulina* L.

草木樨 *Melilotus officinalis* （L.） Pall.

野大豆 *Glycine soja* Sieb. et Zucc.

葛 *Pueraria montana* （Lour） Merr

大花野豌豆 *Vicia bungei* Ohwi

山野豌豆 *Vicia amoena* Fisch. ex Ser

确山野豌豆 *Vicia kioshanica* Bailey

歪头菜 *Vicia unijuga* A. Braun

河北木蓝 *Indigofera bungeana* Walp.

多花木蓝 *Indigofera amblyantha* Craib

花木蓝 *Indigofera kirilowii* Maxim. ex Palibin

刺槐 *Robinia pseudoacacia* L.

斜茎黄耆 *Astragalus laxmannii* Jacquin

糙叶黄耆 *Astragalus scaberrimus* Bunge

地角儿苗 *Oxytropis bicolor* Bunge

少花米口袋 *Gueldenstaedtia venia* （Georgi） Boriss.

鸡眼草 *Kummerowia striata* （Thunb.） Schindl.

长萼鸡眼草 *Kummerowia stipulacea* （Maxim.） Makino

胡枝子 *Lespedeza bicolor* Turcz.

绒毛胡枝子 *Lespedeza tomentosa* （Thunb.） Sieb.

绿叶胡枝子 *Lespedeza buergeri* Miq.

短梗胡枝子 *Lespedeza cyrtobotrya* Miq.

尖叶铁扫帚 *Lespedeza juncea* （L. f.） Pers.

截叶铁扫帚 *Lespedeza cuneata* （Dum.-Cours.） G. Don

蔓黄芪（背扁膨果豆）*Phyllolobium chinense* Fisch. ex DC.

长柄山蚂蝗 *Hylodesmum podocarpum* （Candolle） H. Ohashi & R. R. Mill

（五十）酢浆草科 Oxalidaceae

酢浆草 *Oxalis corniculata* L.

（五十一）牻牛儿苗科 Geraniaceae

老鹳草 *Geranium wilfordii* Maxim.

鼠掌老鹳草 *Geranium sibiricum* L.

牻牛儿苗 *Erodium stephanianum* Willd.

（五十二）野亚麻科 Linaceae

野亚麻 *Linum stelleroides* Planch.

（五十三）蒺藜科 Zygophyllaceae

蒺藜 *Tribulus terrestris* Linnaeus

（五十四）芸香科 Rutaceae

花椒 *Zanthoxylum bungeanum* Maxim.

竹叶花椒 *Zanthoxylum armatum* DC.

野花椒 *Zanthoxylum simulans* Hance

臭檀吴萸 *Tetradium daniellii* （Bennett） T. G. Hartley

枳 *Citrus trifoliata* L.

（五十五）苦木科 Simaroubaceae

臭椿 *Ailanthus altissima* （Mill.） Swingle

苦树 *Picrasma quassioides* （D. Don） Benn.

（五十六）楝科 Meliaceae

香椿 *Toona sinensis* （A Juss） M. Roem

（五十七）远志科 Polygalaceae

西伯利亚远志 *Polygala sibirica* L.

远志 *Polygala tenuifolia* Willd.

（五十八）大戟科 Euphorbiaceae

地构叶 *Speranskia tuberculata* （Bunge） Baill.

蓖麻 *Ricinus communis* L.

铁苋菜 *Acalypha australis* L.

地锦 *Parthenocissus tricuspidata* （Siebold & Zucc.） Planch.

狼毒大戟 *Euphorbia fischeriana* Steud.

大戟 *Euphorbia pekinensis* Rupr.

钩腺大戟 *Euphorbia sieboldiana* Morr. et Decne.

甘遂 *Euphorbia kansui* T. N. Liou ex S. B. Ho

泽漆 *Euphorbia helioscopia* L.

一叶萩 *Geblera suffruticosa* （Pall） Baill

雀儿舌头 *Andrachne chinensis* （Bunge） Pojark

（五十九）漆树科 Anacardiaceae

毛黄栌 *Cotinus coggygria* var. *pubescens* Engl.

红叶 *Cotinus coggygria* var. *cinerea* Engl.

黄连木 *Pistacia chinensis* Bunge

盐肤木 *Rhus chinensis* Mill.

青麸杨 *Rhus potaninii* Maxim.

（六十）卫矛科 Celastraceae

苦皮藤 *Celastrus angulatus* Maxim.

南蛇藤 *Celastrus orbiculatus* Thunb.

卫矛 *Euonymus alatus* Sieb.

扶芳藤 *Euonymus fortune* （Turcz.） Hand.-Mazz.i

栓翅卫矛 *Euonymus phellomanus* Loes.

白杜 *Euonymus maackii* Rupr.

（六十一）省沽油科 Staphyleaceae

省沽油 *Staphylea bumalda* DC.

（六十二）无患子科 Sapindaceae

栾树 *Koelreuteria paniculata* Laxm.

（六十三）槭树科 Aceraceae

元宝槭 *Acer truncatum* Bunge

（六十四）凤仙花科 Balsaminaceae

水金凤 *Impatiens noli-tangere* L.

（六十五）鼠李科 Berchemia

勾儿茶 *Berchemia sinica* C. K. Schneid.

北枳椇 *Hovenia acerba* Thunb.

酸枣 *Ziziphus jujuba* var. *spinosa* （Bunge） Hu ex H. F. Chow

枣 *Ziziphus jujuba* Mill.

鼠李 *Rhamnus davurica* Pall.

圆叶鼠李 *Rhamnus globosa*

锐齿鼠李 *Rhamnus arguta*

（六十六）葡萄科 Vitaceae

葡萄 *Vitis vinifera* L.

山葡萄 *Vitis amurensis* Rupr.

蓝果蛇葡萄 *Ampelopsis bodinier* （Levl. et Vant.） Rehd.

葎叶蛇葡萄 *Ampelopsis humulifolia* Bunge

东北蛇葡萄 *Ampelopsis glandulosa* var. *brevipedunculata* （Maxim.） Momiy.

乌头叶蛇葡萄 *Ampelopsis aconitifolia* Bge.

乌蔹莓 *Cayratia japonica* （Thunb.） Gagnep.

爬墙虎（地锦）*Parthenocissus tricuspidata* （Siebold & Zucc.） Planch.

（六十七）锦葵科 Malvaceae

圆叶锦葵 *Malva pusilla* Smith

野葵 *Malva verticillata* L.

苘麻 *Abutilon theophrasti* Medicus

（六十八）椴树科 Tiliaceae

田麻 *Corchoropsis crenata* Siebold & Zuccarini

野西瓜苗 *Hibiscus trionum* L.

扁担杆 *Grewia biloba* G.Don.

小花扁担杆 *Grewia biloba* var. *parviflora* （Bunge） Hand.-Mazz.

少脉椴 *Tilia paucicostata* Maxim.

红皮椴 *Tilia paucicostata* var. *dictyoneura* （V. Engl.） H. T. Chang et E. W. Miau

（六十九）猕猴桃科 Actinidiaceae

软枣猕猴桃 *Actinidia arguta* Planch.ex. Miq.

（七十）堇菜科 Violaceae

紫花地丁 *Viola philippica* Cav.

早开堇菜 *Viola prionantha* Bunge

斑叶堇菜 *Viola variegata* Fisch ex Link

鸡腿堇菜 *Viola acuminata* Ledeb.

球果堇菜 *Viola collina* Bess.

白花地丁 *Viola patrinii* DC. ex Ging.

（七十一）秋海棠科 Begoniaceae

秋海棠 *Begonia grandis* Dryand.

（七十二）瑞香科 Thymelaeaceae

狼毒 *Stellera chamaejasme* L.

（七十三）胡颓子科 Elaeagnaceae

牛奶子 *Elaeagnus umbellate* Thunb

（七十四）千屈菜科 Lythraceae

千屈菜 *Lythrum salicaria* L.

（七十五）安石榴科 Punicaceae

石榴 *Punica granatum* L.

（七十六）柳叶菜科 Onagraceae

柳叶菜 *Epilobium hirsutum* L.

（七十七）伞形科 Apiaceae

小窃衣 *Torilis japonica* （Houtt.） DC.

北柴胡 *Bupleurum chinense* DC.

红柴胡 *Bupleurum scorzonerifolium* Willd.

水芹 *Oenanthe javanica* （Blume） DC.

蛇床 *Cnidium monnieri* （L.） Cuss.

藁本 *Ligusticum sinense* Oliv.

辽藁本 *Ligusticum jeholense* （Nakai et Kitag.） Nakai et Kitag.

白芷 *Angelica dahurica* Benth. & Hook.f. ex Franch. & Sav.

紫花前胡 *Angelica decursiva* （Miquel） Franchet & Savatier

前胡 *Peucedanum praeruptorum* Dunn

石防风 *Peucedanum terebinthaceum* （Fisch.） Fisch. ex Turcz.

短毛独活 *Heracleum moellendorffii* Hance

羊红膻 *Pimpinella thellungiana* Wolff

防风 *Saposhnikovia divaricata* （Turcz.） Schischk.

鸭儿芹 *Cryptotaenia japonica* Hassk.

大齿山芹 *Ostericum grosseserratum* （Maxim.） Kitagawa

变豆菜 *Sanicula chinensis* Bunge

（七十八）山茱萸科 Cornaceae

山茱萸 *Cornus officinalis* Sieb. et Zucc.

（七十九）八角枫科 Alangiaceae

八角枫 *Alangium chinense*（Lour.） Harms

（八十）杜鹃花科 Ericaceae

照山白 *Rhododendron micranthum* Turcz

（八十一）报春花科 Primulaceae

狼尾花 *Lysimachia barystachys* Bunge

点地梅 *Androsace umbellata* （Lour.） Merr.

（八十二）柿树科 Ebenaceae

君迁子 *Diospyros lotus* L.

柿 *Diospyros kaki* Thunb.

（八十三）木樨科 Oleaceae

流苏树 *Chionanthus retusus* Lindl et Paxton

连翘 *Forsythia suspensa* （Thunb） Vahl

白蜡树 *Fraxinus chinensis* Roxb

小叶梣 *Fraxinus bungeana* A. DC.

北京丁香 *Syringa reticulata* subsp. *pekinensis*（Ruprecht） P. S. Green et M. C. Chang

（八十四）龙胆科 Gentianaceae

鳞叶龙胆 *Gentiana squarrosa* Ledeb.

红花龙胆 *Gentiana rhodantha* Franch

莕菜 *Nymphoides peltatum* （S G Gmel） Kuntze

北方獐牙菜 *Swertia diluta* （Turcz.） Benth. et Hook. f.

（八十五）夹竹桃科 Apocynaceae

络石 *Trachelospermum jasminoides*（Lindl.） Lem.

（八十六）萝藦科 Asclepiadaceae

萝藦 *Metaplexis japonic* （Thunb.） Makino

杠柳 *Periploca sepium* Bunge

鹅绒藤 *Cynanchum chinense* R. Br.

牛皮消 *Cynanchum auriculatum* Royle ex Wight

白首乌 *Cynanchum bungei* Decne.

白薇 *Cynanchum atratum* Bunge

太行白前 *Cynanchum taihangense* Tsiang et Zhang

变色白前 *Cynanchum versicolor* Bunge

地梢瓜 *Cynanchum thesioides* （Freyn） K. Schum.

徐长卿 *Cynanchum paniculatum* （Bunge） Kitagawa

竹灵消 *Cynanchum inamoenum* （Maxim.） Loes.

（八十七）旋花科 Convolvulaceae

菟丝子 *Cuscuta chinensis* Lam.

金灯藤 *Cuscuta japonica* Choisy

田旋花 *Convolvulus arvensis* L.

打碗花 *Calystegia hederacea* Wall.

牵牛 *Ipomoea nil*（L.） Roth

圆叶牵牛 *Ipomoea purpurea*（L.） Roth

（八十八）紫草科 Boraginaceae

紫草 *Lithospermum erythrorhizon* Sieb. et Zucc.

狼紫草 *Anchusa ovata* Lehmann

附地菜 *Trigonotis peduncularis* （Trev.） Benth. ex Baker et Moore

鹤虱 *Lappula myosotis* Moench

狭苞斑种草 *Bothriospermum kusnezowii* Bge.

盾果草 *Thyrocarpus sampsonii* Hance

小花琉璃草 *Cynoglossum lanceolatum* Forsk.

（八十九）马鞭草科 Verbenaceae

马鞭草 *Verbena officinalis* L.

华紫珠 *Callicarpa cathayana* H. T. Chang

臭牡丹 *Clerodendrum bungei* Steud.

海州常山 *Clerodendrum trichotomum*

黄荆 *Vitex negundo* L.

牡荆 *Vitex negundo* var. *cannabifolia* （Sieb. et Zucc） Hand.-Mazz.

荆条 *Vitex negundo* var. *heterophylla*

三花莸 *Caryopteris terniflora* （Franch.） Rehder

（九十）唇形科 Lamiaceae

藿香 *Agastache rugosa*（Fisch et Mey） O. Ktze.

筋骨草 *Ajuga ciliata* Bunge

金疮小草 *Ajuga decumbens* Thunb.

紫背金盘 *Ajuga nipponensis* Makino

水棘针 *Amethystea caerulea* L.

黄芩 *Scutellaria baicalensis* Georgi

并头黄芩 *Scutellaria scordifolia* Fisch ex Schrank

夏至草 *Lagopsis supina* （Steph. ex Willd.） Ik.-Gal. ex Knorr.

藿香 *Agastache rugosa* （Fisch. et Mey.） O. Ktze.

裂叶荆芥 *Nepeta tenuifolia* Bentham

活血丹 *Glechoma longituba* （Nakai） Kupr.

糙苏 *Phlomis umbrosa* Turcz.

宝盖草 *Lamium amplexicaule* L.

野芝麻 *Lamium barbatum* Sieb. et Zucc.

益母草 *Leonurus japonicus* Houttuyn

錾菜 *Leonurus pseudomacranthus* Kitagawa

丹参 *Salvia miltiorrhiza* Bunge

荔枝草 *Salvia plebeia* R. Br.

薄荷 *Mentha canadensis* Linnaeus

地笋 *Lycopus lucidus* Turcz.

紫苏 *Perilla frutescens* （L.） Britt.

野香草 *Elsholtzia cypriani* （Pavolini） S. Chow ex P. S. Hsu

华北香薷 *Elsholtzia stauntoni* Benth

香薷 *Elsholtzia ciliata* （Thunb.） Hyland.

碎米桠 *Isodon rubescens* （Hemsley） H. Hara

毛建草 *Dracocephalum rupestre* Hance

香青兰 *Dracocephalum moldavica* L.

百里香 *Thymus mongolicus*（Ronn） Ronn

（九十一）茄科 Solanaceae

挂金灯 *Alkekengi officinarum* var. *franchetii*（Mast.） Makino

酸浆 *Alkekengi officinarum* L.

枸杞 *Lycium chinense* Mill.

漏斗泡囊草 *Physochlaina infundibularis* Kuang

龙葵 *Solanum nigrum* L.

白英 *Solanum lyratum* Thunberg

青杞 *Solanum septemlobum* Bunge

野海茄 *Solanum japonense* Nakai

曼陀罗 *Datura stramonium* L.

毛曼陀罗 *Datura inoxia* Miller

（九十二）玄参科 Scrophulariaceae

楸叶泡桐 *Paulownia catalpifolia* Gong Tong

兰考泡桐 *Paulownia elongata* S. Y. Hu

毛泡桐 *Paulownia tomentosa*（Thunb.）Steud.

山罗花 *Melampyrum roseum* Maxim.

阴行草 *Siphonostegia chinensis* Benth.

松蒿 *Phtheirospermum japonicum*（Thunb.）Kanitz.

玄参 *Scrophularia ningpoensis* Hemsl.

通泉草 *Mazus pumilus*（N. L. Burman）Steenis

婆婆纳 *Veronica polita* Fries

水苦荬 *Veronica undulata* Wall.

北水苦荬 *Veronica anagallis-aquatica* Linnaeus

地黄 *Rehmannia glutinosa*（Gaertn.）Libosch. ex Fisch. et C. A. Mey

（九十三）紫葳科 Bignoniaceae

梓 *Catalpa ovate* G.Don

楸 *Catalpa bungei* C.A.Mey.

角蒿 *Incarvillea sinensis* Lam.

（九十四）列当科 Orobanchaceae

列当 *Orobanche coerulescens* Steph.

（九十五）苦苣苔科 Gesneriaceae

珊瑚苣苔 *Corallodiscus cordatulus*（Wall. ex A. DC.）B. L. Burtt

旋蒴苣苔 *Boea hygrometrica*（Bunge.）R. Br.

（九十六）透骨草科 Phrymaceae

透骨草 *Phryma leptostachya* subsp. *asiatica*（Hara）Kitamura

（九十七）车前科 Plantaginaceae

平车前 *Plantago depressa* Willd.

车前 *Plantago asiatica* L.

大车前 *Plantago major* L.

（九十八）茜草科 Rubiaceae

鸡矢藤 *Paederia foetida* L.

茜草 *Rubia cordifolia* L.

蓬子菜 *Galium verum* L.

北方拉拉藤 *Galium boreale* L.

猪殃殃 *Galium spurium* L.

四叶葎 *Galium bungei* Steud.

薄皮木 *Leptodermis oblonga* Bunge.

（九十九）川续断科 Dipsacaceae

华北蓝盆花 *Scabiosa tschiliensis* Griining

日本续断 *Dipsacus japonicus* Miq.

（一百）败酱科 Valerianaceae

败酱 *Patrinia scabiosaefolia* Fisch. ex Trevie.

糙叶败酱 *Patrinia rupestris* subsp. Scabra Bunge.

墓头回 *Patrinia heterophylla* Bunge.

缬草 *Valeriana officinalis* L.

（一百零一）忍冬科 Caprifoliaceae

接骨草 *Sambucus javanica* Blume

接骨木 *Sambucus williamsii* Hance

（一百零二）葫芦科 Cucurbitaceae

赤瓟 *Thladiantha dubia* Bunge

栝楼 *Trichosanthes kirilowii* Maxim.

（一百零三）桔梗科 Campanulaceae

荠苨 *Adenophora trachelioides* Maxim.

多歧沙参 *Adenophora potaninii* subsp. Wawrean（Zahlbr.） S. Ge et D. Y. Hong

杏叶沙参 *Adenophora petiolata* subsp. *hunanensis*（Nannf.） D.Y. Hong et S. Ge

心叶沙参 *Adenophora cordifolia* D. Y. Hong

石沙参 *Adenophora polyantha* Nakai

轮叶沙参 *Adenophora tetraphylla*（Thunb.） Fisch.

桔梗 *Platycodon grandiflorus* A.DC.

党参 *Codonopsis pilosula*（Franch.） Nannf.

（一百零四）菊科 Asteraceae

林泽兰 *Eupatorium lindleyanum* DC.

马兰 *Aster indicus*（L.） Sch. Bip.

山马兰 *Aster lautureanus*（Debeaux） Franch.

狗娃花 *Heteropappus hispidus* Thunb.

阿尔泰狗娃花 *Aster altaicus* Willd.

东风菜 *Aster scaber* Thunb

紫菀 *Aster tataricus* L. f.

三脉紫菀 *Aster ageratoides* Turcz.

一年蓬 *Erigeron annuus*（L.） Pers.

野唐蒿 *Erigeron bonariensis* L.

小蓬草 *Erigeron canadensis* L.

薄雪火绒草 *Leontopodium japonicum* Miq.

火绒草 *Leontopodium leontopodioides* （Willd.） Beauv.

旋覆花 *Inula japonica* Thunb.

欧亚旋覆花 *Inula britanica* L.

线叶旋覆花 *Inula linariifolia* Turczaninow

大花金挖耳 *Carpesium macrocephalum* Franch. et Sav.

金挖耳 *Carpesium divaricatum* Sieb. et Zucc.

天名精 *Carpesium abrotanoides* L.

烟管头草 *Carpesium cernuum* L.

苍耳 *Xanthium strumarium* L.

豨莶 *Sigesbeckia orientalis* Linnaeus

腺梗豨莶 *Sigesbeckia pubescens* （Makino） Makino

鳢肠 *Eclipta prostrata* （L.） L.

狼杷草 *Bidens tripartita* L.

大狼杷草 *Bidens frondosa* L.

金盏银盘 *Bidens biternata* （Lour.） Merr. et Sherff

小花鬼针草 *Bidens parviflora* Willd.

婆婆针 *Bidens bipinnata* L.

甘菊 *Chrysanthemum lavandulifolium* （Fisch. ex Trautv.） Makino

野菊 *Chrysanthemum indicum* L.

太行菊 *Opisthopappus taihangensis* （Ling） Shih

猪毛蒿 *Artemisia scoparia* Waldst. et Kit.

茵陈蒿 *Artemisia capillaris* Thunb.

牡蒿 *Artemisia japonica* Thunb.

南牡蒿 *Artemisia eriopoda* Bge.

黄花蒿 *Artemisia annua* L.

青蒿 *Artemisia caruifolia* Buch.-Ham. ex Roxb.

蒌蒿 *Artemisia selengensis* Turcz. ex Bess.

野艾蒿 *Artemisia lavandulifolia* Candolle

艾 *Artemisia argyi* Lévl. et Van.

矮蒿 *Artemisia lancea* Van

蒙古蒿 *Artemisia mongolica* （Fisch. ex Bess.） Nakai

大籽蒿 *Artemisia sieversiana* Ehrhart ex Willd.

苍术 *Atractylodes lancea* （Thunb.） DC.

牛蒡 *Arctium lappa* L.

香青 *Anaphalis sinica* Hance

款冬 *Tussilago farfara* L.

兔儿伞 *Syneilesis aconitifolia*（Bunge） Maxim.

华东蓝刺头 *Echinops grijsii* Hance

刺儿菜 *Cirsium arvense* var. *integrifolium* C. Wimm. et Grabowski

泥胡菜 *Hemisteptia lyrata*（Bunge） Fischer & C. A. Meyer

风毛菊 *Saussurea japonica*（Thunb.） DC.

祁州漏芦 *Rhaponticum uniflorum*（L.）DC.

大丁草 *Leibnitzia anandria*（Linnaeus） Turczaninow

华北鸦葱 *Scorzonera albicaulis* Bunge

鸦葱 *Scorzonera austriaca* Willd.

苣荬菜 *Sonchus wightianus* DC.

苦苣菜 *Sonchus oleraceus* L.

中华苦荬菜 *Ixeris chinensis*（Thunb.） Nakai

毛连菜 *Picris hieracioides* L.

狗舌草 *Tephroseris kirilowii*（Turcz. ex DC.） Holub

翅果菊 *Lactuca indica*（L.） Shih

蒲公英 *Taraxacum mongolicum* Hand.-Mazz.

药用蒲公英 *Taraxacum officinale* F. H. Wigg.

黄鹌菜 *Youngia japonica*（L.） DC.

（一百零五）香蒲科 Typhaceae

香蒲 *Typha orientalis* C. Presl.

小香蒲 *Typha minima* Funk.

无苞香蒲 *Typha laxmannii* Lepech.

（一百零六）黑三棱科 Sparganiaceae

黑三棱 *Sparganium stoloniferum*（Graebn.） Buch.-Ham. ex Juz.

（一百零七）眼子菜科 Potamogetonaceae

微齿眼子菜 *Potamogeton maackianus* A. Bennett

（一百零八）泽泻科 Alismataceae

野慈姑 *Sagittaria trifolia* L.

泽泻 *Alisma plantago-aquatica* L.

（一百零九）水鳖科 Hydrocharitaceae Juss.

苦草 *Vallisneria natans*（Lour.） Hara

（一百一十）禾本科 Poaceae

画眉草 *Eragrostis pilosa*（L.） Beauv.

知风草 *Eragrostis ferruginea*（Thunb.） Beauv.

千金子 *Leptochloa chinensis*（L.） Nees

牛筋草 *Eleusine indica*（L.） Gaertn.

狗牙根 *Cynodon dactylon*（L.） Pers.

狗尾草 *Setaria viridis* （L.） Beauv.

看麦娘 *Alopecurus aequalis* Sobol.

芒 *Miscanthus sinensis* Andersson

荻 *Miscanthus sacchariflorus* （Maxim.） Hack

芦苇 *Phragmites australis* （Cav.） Trin. ex Steud.

白茅 *Imperata cylindrica* （L.） Beauv.

荩草 *Arthraxon hispidus* （Trin.） Makino

柳叶箬 *Isachne globosa* （Thunb.） Kuntze

马唐 *Digitaria sanguinalis* （L.） Scop.

（一百一十一）莎草科 Cyperaceae

香附子 *Cyperus rotundus* L.

（一百一十二）天南星科 Araceae

一把伞南星 *Arisaema erubescens* （Wall.） Schott

半夏 *Pinellia ternata* （Thunb.） Breit.

虎掌 *Pinellia pedatisecta* Schott

独角莲 *Sauromatum giganteum* （Engl.） Cusimano et Hett.

菖蒲 *Acorus calamus* L.

（一百一十三）浮萍科 Lemnaceae

紫萍 *Spirodela polyrhiza* （Linnaeus） Schleiden

浮萍 *Lemna minor* L.

（一百一十四）鸭跖草科 Commelinaceae

鸭跖草 *Commelina communis* L.

饭包草 *Commelina benghalensis* Linnaeus

（一百一十五）百合科 Liliaceae

藜芦 *Veratrum nigrum* L.

北重楼 *Paris verticillata* M.-Bieb

棋盘花 *Anticlea sibirica* （L.） Kunth

茖葱 *Allium victorialis* L.

薤白 *Allium macrostemon* Bunge

黄花菜 *Hemerocallis citrina* Baroni

北萱草 *Hemerocallis esculenta* Koidz.

禾叶山麦冬 *Liriope graminifolia* （L.） Baker

山麦冬 *Liriope spicata*（Thunb.） Lour.

玉竹 *Polygonatum odoratum* （Mill.） Druce

黄精 *Polygonatum sibiricum* Redouté

二苞黄精 *Polygonatum involucratum* （Franch. et Sav.） Maxim.

轮叶黄精 *Polygonatum verticillatum*（L.） All.

绵枣儿 *Barnardia japonica* （Thunberg） Schultes & J. H. Schultes

天门冬 *Asparagus cochinchinensis*（Lour.） Merr.

鹿药 *Maianthemum japonicum* （A. Gray） LaFrankie

卷丹 *Lilium tigrinum* Ker Gawl.

山丹 *Lilium pumilum* Redoute

荞麦叶大百合 *Cardiocrinum cathayanum* （Wilson） Stearn

黄花油点草 *Tricyrtis pilosa* Wallich

短梗菝葜 *Smilax scobinicaulis* C. H. Wright

华东菝葜 *Smilax sieboldii* Miq.

牛尾菜 *Smilax riparia* A. DC.

（一百一十六）薯蓣科 Dioscoreaceae

薯蓣 *Dioscorea polystachya* Turcz.

穿龙薯蓣 *Dioscorea nipponica* Makino

（一百一十七）鸢尾科 Iridaceae

射干 *Belamcanda chinensis* （L.） DC.

马蔺 *Iris lactea* Pall.

（一百一十八）兰科 Orchidaceae

绶草 *Spiranthes sinensis* （Pers.） Ames

小斑叶兰 *Goodyera repens* （L.） R. Br.

四、油料植物

（一）松科 Pinaceae

油松 *Pinus tabuliformis* Carriere

白皮松 *Pinus bungeana* Zucc. ex Endl.

（二）柏科 Cupressaceae

圆柏 *Juniperus chinensis* L.

侧柏 *Platycladus orientalis* （L.） Franco

（三）红豆杉科 Taxaceae

南方红豆杉 *Taxus wallichiana* var. *mairei*

（四）胡桃科 Juglandaceae

胡桃 *Juglans regia* L.

胡桃楸 *Juglans mandshurica* Maxim.

枫杨 *Pterocarya stenoptera* C. DC.

（五）桦木科 Betulaceae

白桦 *Betula platyphylla* Suk.

榛 *Corylus heterophylla* Fisch. ex Trautv.

毛榛 *Corylus mandshurica* Maxim.

千金榆 *Carpinus cordata* Bl.

鹅耳枥 *Carpinus turczaninowii* Hance

（六）大麻科 Cannabaceae Martinov

大叶朴 *Celtis koraiensis* Nakai

葎草 *Humulus scandens* （Lour.） Merr.

青檀 *Pteroceltis tatarinowii* Maxim.

大麻 *Cannabis sativa* L.

（七）荨麻科 Urticaceae

大蝎子草 *Girardinia diversifolia* （Link） Friis

蝎子草 *Girardinia diversifolia* subsp. *suborbiculata* （C. J. Chen） C. J. Chen & Friis

悬铃叶苎麻 *Boehmeria tricuspis* （Hance） Makino

（八）苋科 Amaranthaceae

青葙 *Celosia argentea* L.

（九）藜科 Chenopodiaceae

藜 *Chenopodium album* L.

地肤 *Kochia scoparia* （L.） Schrad.

猪毛菜 *Salsola collina* Pall.

（十）毛茛科 Ranunculaceae

华北耧斗菜 *Aquilegia yabeana* Kitag.

大叶铁线莲 *Clematis heracleifolia* DC.

北乌头 *Aconitum kusnezoffii* Reichb.

金莲花 *Trollius chinensis* Bunge

（十一）木通科 Lardizabalaceae

三叶木通 *Akebia trifoliata* （Thunb.） Koidz.

（十二）防己科 Menispermaceae

蝙蝠葛 *Menispermum dauricum* DC.

（十三）木兰科 Magnoliaceae

华中五味子 *Schisandra sphenanthera* Rehd. et Wils.

五味子 *Schisandra chinensis* （Turcz.） Baill.

（十四）十字花科 Brassicaceae

荠 *Capsella bursa-pastoris* （L.） Medic.

麦蓝菜 *Vaccaria hispanica* （Miller） Rauschert

蔊菜 *Rorippa indica* （L.） Hiern

广州蔊菜 *Rorippa cantoniensis* （Lour.） Ohwi

风花菜 *Rorippa globosa* （Turcz.） Hayek

沼生蔊菜 *Rorippa palustris* （Linnaeus） Besser

无瓣蔊菜 *Rorippa dubia* （Pers.） Hara

豆瓣菜 *Nasturtium officinale* R. Br.

葶苈 *Draba nemorosa* L.

芸苔 *Brassica rapa* var. *oleifera* de Candolle

诸葛菜 *Orychophragmus violaceus* （Linnaeus） O. E. Schulz

播娘蒿 *Descurainia sophia* （L.） Webb ex Prantl

小花糖芥 *Erysimum cheiranthoides* L.

（十五）蔷薇科 Rosaceae

路边青 *Geum aleppicum* Jacq.

山杏 *Armeniaca sibirica* （L.） Lam.

杏 *Armeniaca vulgaris* Lam.

郁李 *Cerasus japonica* （Thunb.） Lois.

欧李 *Cerasus humilis* （Bge.） Sok.

山桃 *Amygdalus davidiana* （Carr.） C. de Vos

地榆 *Sanguisorba officinalis* L.

（十六）豆科 Fabaceae

山槐 *Albizia kalkora* （Roxb.） Prain

合欢 *Albizia julibrissin* Durazz.

槐树 *Styphnolobium japonicum* （L.） Schott

紫苜蓿 *Medicago sativa* L.

小苜蓿 *Medicago minima* （L.） Grufb.

天蓝苜蓿 *Medicago lupulina* L.

草木樨 *Melilotus officinalis* （L.） Pall.

白花草木樨 *Melilotus albus* Desr.

野大豆 *Glycine soja* Sieb. et Zucc.

胡枝子 *Lespedeza bicolor* Turcz.

美丽胡枝子 *Lespedeza thunbergii* subsp. *formosa* （Vogel） H. Ohashi

绿叶胡枝子 *Lespedeza buergeri* Miq.

（十七）亚麻科 Linaceae

野亚麻 *Linum stelleroides* Planch.

（十八）紫草科 Boraginaceae

狼紫草 *Anchusa ovata* Lehmann

（十九）锦葵科 Malvaceae

苘麻 *Abutilon theophrasti* Medicus

陆地棉 *Gossypium hirsutum* L.

野西瓜苗 *Hibiscus trionum* L.

（二十）椴树科 Tiliaceae

扁担杆 *Grewia biloba* G. Don

（二十一）伞形科 Apiaceae

鸭儿芹 *Cryptotaenia japonica* Hassk.

（二十二）罂粟科 Papaveraceae

白屈菜 *Chelidonium majus* L.

（二十三）报春花科 Primulaceae

点地梅 *Androsace umbellata* （Lour.） Merr.

矮桃 *Lysimachia clethroides* Duby

（二十四）大戟科 Euphorbiaceae

泽漆 *Euphorbia helioscopia* L.

乳浆大戟 *Euphorbia pekinensis* Rupr.

蓖麻 *Ricinus communis* L.

（二十五）芸香科 Rutaceae

花椒 *Zanthoxylum bungeanum* Maxim.

竹叶花椒 *Zanthoxylum armatum* DC.

臭檀吴萸 *Tetradium daniellii* （Bennett） T. G. Hartley

（二十六）苦木科 Simaroubaceae

臭椿 *Ailanthus altissima* （Mill.） Swingle

（二十七）楝科 Meliaceae

香椿 *Toona sinensis* （A. Juss.） Roem.

楝 *Melia azedarach* L.

（二十八）漆树科 Anacardiaceae

黄连木 *Pistacia chinensis* Bunge

青麸杨 *Rhus potaninii* Maxim.

盐肤木 *Rhus chinensis* Mill.

漆 *Toxicodendron vernicifluum* （Stokes） F. A. Barkl.

野漆 *Toxicodendron succedaneum* （L.） O. Kuntze

毛黄栌 *Cotinus coggygria* var. *pubescens* Engl.

红叶 *Cotinus coggygria* var. *cinerea* Engl.

（二十九）卫矛科 Celastraceae

苦皮藤 *Celastrus angulatus* Maxim.

南蛇藤 *Celastrus orbiculatus* Thunb.

（三十）省沽油科 Staphyleaceae

省沽油 *Staphylea bumalda* DC.

膀胱果 *Staphylea holocarpa* Hemsl.

（三十一）山茱萸科 Cornaceae

毛梾 *Cornus walteri* Wangerin

红瑞木 *Cornus alba* Linnaeus

（三十二）茄科 Solanaceae

酸浆 *Alkekengi officinarum* Moench

枸杞 *Lycium chinense* Miller

（三十三）无患子科 Sapindaceae

栾树 *Koelreuteria paniculata* Laxm.

（三十四）槭树科 Aceraceae Juss.

元宝槭 *Acer truncatum* Bunge

葛萝枫 *Acer davidii* subsp. *grosseri* （Pax） P. C. de Jong

青榨槭 *Acer davidii* Franch.

三角枫 *Acer buergerianum* Miq.

（三十五）鼠李科 Rhamnaceae

圆叶鼠李 *Rhamnus globosa* Bunge

鼠李 *Rhamnus davurica* Pall.

锐齿鼠李 *Rhamnus arguta* Maxim.

（三十六）葡萄科 Vitaceae

山葡萄 *Vitis amurensis* Rupr.

（三十七）木樨科 Oleaceae

连翘 *Forsythia suspensa* （Thunb.） Vahl

流苏树 *Chionanthus retusus* Lindl. et Paxt.

小叶梣 *Fraxinus bungeana* DC.

（三十八）唇形科 Lamiaceae

野芝麻 *Lamium barbatum* Sieb. et Zucc.

紫苏 *Perilla frutescens* （L.） Britt.

（三十九）芝麻科 Pedaliaceae

芝麻 *Sesamum indicum* L.

（四十）安息香科 Styracaceae

玉铃花 *Styrax obassis* Siebold & Zuccarini

（四十一）忍冬科 Caprifoliaceae

金银忍冬 *Lonicera maackii* （Rupr.） Maxim.

桦叶荚蒾 *Viburnum betulifolium* Batal.

陕西荚蒾 *Viburnum schensianum* Maxim.

（四十二）葫芦科 Cucurbitaceae

赤雹 *Thladiantha dubia* Bunge

栝楼 *Trichosanthes kirilowii* Maxim.

（四十三）桔梗科 Campanulaceae Juss.

桔梗 *Platycodon grandiflorus* （Jacq.） A. DC.

（四十四）菊科 Asteraceae

牛蒡 *Arctium lappa* L.

苍耳 *Xanthium strumarium* L.

苣荬菜 *Sonchus wightianus* DC.

小花鬼针草 *Bidens parviflora* Willd.

（四十五）鸭跖草科 Commelinaceae

鸭跖草 *Commelina communis* L.

（四十六）禾本科 Poaceae

白草 *Pennisetum flaccidum* Grisebach

五、纤维植物

（一）杨柳科 Salicaceae

毛白杨 *Populus tomentosa* Carrière

山杨 *Populus davidiana* Dode

小叶杨 *Populus simonii* Carrière

腺柳 *Salix chaenomeloides* Kimura

垂柳 *Salix babylonica* L.

旱柳 *Salix matsudana* Koidz.

（二）胡桃科 Juglandaceae

枫杨 *Pterocarya stenoptera* C. DC.

（三）桦木科 Betulaceae

红桦 *Betula albosinensis* Burkill

（四）榆科 Ulmaceae

大果榆 *Ulmus macrocarpa* Hance

榆树 *Ulmus pumila* L.

脱皮榆 *Ulmus lamellosa* C. Wang et S. L. Chang

大果榉 *Zelkova sinic* C. K. Schneid.

大叶朴 *Celtis koraiensis* Nakai

黑弹树 *Celtis bungeana* Blume

青檀 *Pteroceltis tatarinowii* Maxim

（五）大麻科 Cannabaceae

大麻 *Cannabis sativa* L.

（六）桑科 Moraceae

桑 *Morus alba* L.

蒙桑 *Morus mongolica*（Bureau） Schneid

鸡桑 *Morus australis* Poir

构树 *Broussonetia papyrifera* （L） L' Her ex Vent

柘 *Maclura tricuspidata* Carriere

葎草 *Humulus scandens* （Lour.） Merr.

（七）荨麻科 Urticaceae

宽叶荨麻 *Urtica laetevirens* Maxim.

狭叶荨麻 *Urtica angustifolia* Fisch. ex Hornem.

大蝎子草 *Girardinia diversifolia* （Link） Friis

蝎子草 *Girardinia diversifolia* subsp. *suborbiculata* （C. J. Chen） C. J. Chen & Friis

艾麻 *Laportea cuspidata* （Wedd.） Friis

悬铃叶苎麻 *Boehmeria tricuspis* （Hance） Makino

小赤麻 *Boehmeria spicata* （Thunb.） Thunb.

赤麻 *Boehmeria silvestrii* （Pampanini） W. T. Wang

野线麻 *Boehmeria japonica* （Linnaeus f.） Miquel

（八）木通科 Lardizabalaceae

三叶木通 *Akebia trifoliata* （Thunb） Koidz

（九）木兰科 Magnoliaceae

五味子 *Schisandra chinensis* （Turcz.） Baill.

（十）豆科 Fabaceae

刺槐 *Robinia pseudoacacia* L.

胡枝子 *Lespedeza bicolor* Turcz.

美丽胡枝子 *Lespedeza thunbergii* subsp. *formosa* （Vogel） H. Ohashi

绿叶胡枝子 *Lespedeza buergeri* Miq.

短梗胡枝子 *Lespedeza cyrtobotrya* Miq.

绒毛胡枝子 *Lespedeza tomentosa* （Thunb.） Sieb.

葛 *Pueraria montana* （Loureiro） Merrill

苦参 *Sophora flavescens* Alt.

杭子梢 *Campylotropis macrocarpa* （Bge.） Rehd.

（十一）蒺藜科 Zygophyllaceae

蒺藜 *Tribulus terrestris* Linnaeus

（十二）卫矛科 Celastraceae

苦皮藤 *Celastrus angulatus* Maxim.

南蛇藤 *Celastrus orbiculatus* Thunb.

（十三）亚麻科 Linaceae

野亚麻 *Linum stelleroides* Planch.

（十四）无患子科 Sapindaceae

栾树 *Koelreuteria paniculata* Laxm.

（十五）槭树科 Aceraceae Juss.

元宝槭 *Acer truncatum* Bunge

葛萝枫 *Acer davidii* subsp. *grosseri* （Pax） P. C. de Jong

青榨槭 *Acer davidii* Franch.

（十六）锦葵科 Malvaceae

苘麻 *Abutilon theophrasti* Medicus

野西瓜苗 *Hibiscus trionum* L.

陆地棉 *Gossypium hirsutum* L.

蜀葵 *Alcea rosea* Linnaeus

（十七）椴树科 Tiliaceae

少脉椴 *Tilia paucicostata* Maxim.

扁担杆 *Grewia biloba* G. Don

小花扁担杆 *Grewia biloba* var. *parviflora*

田麻 *Corchoropsis crenata* Siebold & Zuccarini

光果田麻 *Corchoropsis crenata* var. *hupehensis* Pampanini

（十八）猕猴桃科 Actinidiaceae

软枣猕猴桃 *Actinidia arguta* （Sieb. et Zucc.） Planch. ex Miq.

（十九）柽柳科 Tamaricaceae

柽柳 *Tamarix chinensis* Lour.

（二十）八角枫科 Alangiaceae

八角枫 *Alangium chinense* （Lour.） Harms

（二十一）夹竹桃科 Apocynaceae

络石 *Trachelospermum jasminoides* （Lindl.） Lem.

罗布麻 *Apocynum venetum* L.

（二十二）萝藦科 Asclepiadaceae

杠柳 *Periploca sepium* Bunge

牛皮消 *Cynanchum auriculatum* Royle ex Wight

萝藦 *Metaplexis japonica* （Thunb.） Makino

变色白前 *Cynanchum versicolor* Bunge

（二十三）马鞭草科 Verbenaceae

黄荆 *Vitex negundo* L.

牡荆 *Vitex negundo* var. *cannabifolia* （Sieb.et Zucc.） Hand.-Mazz.

荆条 *Vitex negundo* var. *heterophylla* （Franch.） Rehd.

（二十四）胡麻科 Pedaliaceae

芝麻 *Sesamum indicum* L.

（二十五）忍冬科 Caprifoliaceae

金银忍冬 *Lonicera maackii* （Rupr.） Maxim.

（二十六）菊科 Asteraceae

牛蒡 *Arctium lappa* L.

黄花蒿 *Artemisia annua* L.

蒙古蒿 *Artemisia mongolica* （Fisch. ex Bess.） Nakai

苍耳 *Xanthium strumarium* L.

（二十七）香蒲科 Typhaceae

香蒲 *Typha orientalis* Presl

（二十八）禾本科 Poaceae

芨芨草 *Achnatherum splendens* （Trin.） Nevski

京芒草 *Achnatherum pekinense* （Hance） Ohwi

芦苇 *Phragmites australis* （Cav.） Trin. ex Steud.

野青茅 *Deyeuxia pyramidalis* （Host） Veldkamp

拂子茅 *Calamagrostis epigeios* （L.） Rothjia

假苇拂子茅 *Calamagrostis pseudophragmites*

毛杆野古草 *Arundinella hirta* （Thunb.） Tanaka

荻 *Miscanthus sacchariflorus* （Maximowicz） Hackel

芒 *Miscanthus sinensis* Anderss.

大油芒 *Spodiopogon sibiricus* Trin.

白草 *Pennisetum flaccidum* Grisebach

橘草 *Cymbopogon goeringii* （Steud.） A. Camus

黄背草 *Themeda triandra* Forsk.

牛筋草 *Eleusine indica* （L.） Gaertn.

狼尾草 *Pennisetum alopecuroides* （L.） Spreng.

白茅 *Imperata cylindrica* （L.） Beauv.

狗尾草 *Setaria viridis* （L.） Beauv.

荩草 *Arthraxon hispidus* （Trin.） Makino

（二十九）莎草科 Cyperaceae

三棱水葱（藨草）*Schoenoplectus triqueter* （Linnaeus） Palla

扁杆荆三棱 *Bolboschoenus planiculmis* （F. Schmidt） T. V. Egorova

（三十）鸢尾科 Iridaceae

马蔺 *Iris lactea* Pall.

射干 *Belamcanda chinensis* （L.） Redouté

（三十一）天南星科 Araceae

菖蒲 *Acorus calamus* L.

六、饲料及牧草植物

（一）木贼科 Equisetaceae

问荆 *Equisetum arvense* L.

（二）槐叶苹科 Salviniaceae

槐叶苹 *Salvinia natans* All.

（三）蘋科 Marsileaceae

蘋 *Marsilea quadrifolia* L. Sp.

（四）壳斗科 Fagaceae

栓皮栎 *Quercus variabilis* Blume

麻栎 *Quercus acutissima* Carruth

槲栎 *Quercus aliena* Blume

槲树 *Quercus dentata* Thunb

（五）榆科 Ulmaceae

榆树 *Ulmus pumila* L.

大叶朴 *Celtis koraiensis* Nakai

（六）大麻科 Cannabaceae

大麻 *Cannabis sativa* L.

（七）桑科 Moraceae

桑 *Morus alba* L.

构树 *Broussonetia papyrifera* （L.）L'Her ex Vent

柘 *Maclura tricuspidata* Carriere

（八）荨麻科 Urticaceae

悬铃叶苎麻 *Boehmeria tricuspis* （Hance）Makino

（九）蓼科 Polygonaceae

萹蓄 *Polygonum aviculare* L.

习见蓼 *Polygonum plebeium* R. Br.

红蓼 *Polygonum orientale* L.

齿果酸模 *Rumex dentatus* L.

（十）藜科 Chenopodiaceae

地肤 *Kochia scoparia* （L.）Schrad.

藜 *Chenopodium album* L.

猪毛菜 *Salsola collina* Pall.

（十一）苋科 Amaranthaceae

反枝苋 *Amaranthus retroflexus* L.

刺苋 *Amaranthus spinosus* L.

凹头苋 *Amaranthus blitum* L.

皱果苋 *Amaranthus viridis* L.

繁穗苋 *Amaranthus cruentus* L.

尾穗苋 *Amaranthus caudatus* L.

喜旱莲子草 *Alternanthera philoxeroides* （Mart.）Griseb.

（十二）马齿苋科 Portulacaceae

马齿苋 *Portulaca oleracea* L.

（十三）石竹科 Caryophyllaceae

牛繁缕 *Myosoton aquaticum* （L.）Moench

中国繁缕 *Stellaria chinensis* Regel

长蕊石头花 *Gypsophila oldhamiana* Miq.

麦蓝菜 *Vaccaria hispanica* （Miller）Rauschert

（十四）金鱼藻科 Ceratophyllaceae

金鱼藻 *Ceratophyllum demersum* L.

（十五）十字花科 Brassicaceae

沼生䓍菜 *Rorippa palustris* （L.）Besser

细子䓍菜 *Rorippa cantoniensis* （Lour）Ohwi

风花菜 *Rorippa globosa* （Turcz ex Fisch et C A Mey）Hayek

蔊菜 *Rorippa indica*（L.）Hiern

无瓣蔊菜 *Rorippa dubia*（Pers.）Hara

独行菜 *Lepidium apetalum* Willd

北美独行菜 *Lepidium virginicum* L.

荠 *Capsella bursa-pastoris*（L.）Medik

诸葛菜 *Orychophragmus violaceus*（L.）O.E. Schulz

碎米荠 *Cardamine hirsute* L.

豆瓣菜 *Nasturtium officinale* R. Br.

播娘蒿 *Descurainia sophia*（L.）Webb ex Prantl

小花糖芥 *Erysimum cheiranthoides* L.

涩荠 *Malcolmia Africana*（L.）R. Br.

（十六）蔷薇科 Rosaceae

路边青 *Geum aleppicum* Jacq.

委陵菜 *Potentilla chinensis* Ser.

三叶委陵菜 *Potentilla freyniana* Bornm.

多茎委陵菜 *Potentilla multicaulis* Bge.

朝天委陵菜 *Potentilla supina* L.

（十七）豆科 Fabaceae

刺槐 *Robinia pseudoacacia* L.

紫苜蓿 *Medicago sativa* L.

天蓝苜蓿 *Medicago lupulina* L.

草木樨 *Melilotus officinalis*（L.）Pall.

野大豆 *Glycine soja* Sieb. et Zucc.

大花野豌豆 *Vicia bungei* Ohwi

山野豌豆 *Vicia amoena* Fisch. ex DC.

确山野豌豆 *Vicia kioshanica* Bailey

广布野豌豆 *Vicia cracca* L.

歪头菜 *Vicia unijuga* A. Braun

斜茎黄耆 *Astragalus laxmannii* Jacquin

糙叶黄耆 *Astragalus scaberrimus* Bunge

地角儿苗 *Oxytropis bicolor* Bunge

少花米口袋 *Gueldenstaedtia venia*（Georgi）Boriss

鸡眼草 *Kummerowia striata*（Thunb.）Schindl.

长萼鸡眼草 *Kummerowia stipulacea*（Maxim.）Makino

胡枝子 *Lespedeza bicolor* Turcz.

绒毛胡枝子 *Lespedeza tomentosa*（Thunb.）Sieb.

绿叶胡枝子 *Lespedeza buergeri* Miq.

短梗胡枝子 *Lespedeza cyrtobotrya* Miq.

美丽胡枝子 *Lespedeza thunbergii* subsp. *formosa* （Vogel） H. Ohashi

细梗胡枝子 *Lespedeza virgata* （Thunb.） DC.

多花胡枝子 *Lespedeza floribunda* Bunge

达乌里胡枝子 *Lespedeza davurica* （Laxmann） Schindler

尖叶铁扫帚 *Lespedeza juncea* （L. f.） Pers.

截叶铁扫帚 *Lespedeza cuneata* （Dum.-Cours.） G. Don

杭子梢 *Campylotropis macrocarpa* （Bge.） R

（十八）酢浆草科 Oxalidaceae

酢浆草 *Oxalis corniculata* L.

（十九）牻牛儿苗科 Geraniaceae

老鹳草 *Geranium wilfordii* Maxim.

鼠掌老鹳草 *Geranium sibiricum* L.

牻牛儿苗 *Erodium stephanianum* Willd.

（二十）大戟科 Euphorbiaceae

铁苋菜 *Acalypha australis* L.

（二十一）漆树科 Anacardiaceae

盐肤木 *Rhus chinensis* Mill.

（二十二）卫矛科 Celastraceae

卫矛 *Euonymus alatus* Sieb.

南蛇藤 *Celastrus orbiculatus* Thunb.

（二十三）鼠李科 Berchemia

酸枣 *Ziziphus jujuba* var. *spinosa* （Bunge） Hu ex H. F. Chow

（二十四）锦葵科 Malvaceae

圆叶锦葵 *Malva pusilla* Smith

野西瓜苗 *Hibiscus trionum* L.

（二十五）猕猴桃科 Actinidiaceae

软枣猕猴桃 *Actinidia arguta* （Sieb.et Zucc.） Planch.ex Miq.

（二十六）堇菜科 Violaceae

紫花地丁 *Viola philippica* Cav.

早开堇菜 *Viola prionantha* Bunge.

斑叶堇菜 *Viola variegata* Fisch ex Link

鸡腿堇菜 *Viola acuminata* Ledeb.

球果堇菜 *Viola collina* Bess.

白花地丁 *Viola patrinii* DC. ex Ging.

（二十七）千屈菜科 Lythraceae

千屈菜 *Lythrum salicaria* L.

耳基水苋 *Ammannia auriculata* Willdenow

（二十八）柳叶菜科 Onagraceae

柳叶菜 *Epilobium hirsutum* L.

（二十九）伞形科 Apiaceae

鸭儿芹 *Cryptotaenia japonica* Hassk.

（三十）报春花科 Primulaceae

珍珠菜 *Lysimachia clethroides* Duby

狼尾花 *Lysimachia barystachys* Bunge

（三十一）萝藦科 Asclepiadaceae

地梢瓜 *Cynanchum thesioides* （Freyn） K. Schum.

（三十二）旋花科 Convolvulaceae

田旋花 *Convolvulus arvensis* L.

打碗花 *Calystegia hederacea* Wall.

（三十三）紫草科 Boraginaceae

田紫草 *Lithospermum arvense* L.

附地菜 *Trigonotis peduncularis* （Trev.） Benth. ex Baker et Moore

（三十四）马鞭草科 Verbenaceae

海州常山 *Clerodendrum trichotomum* Thunb.

（三十五）唇形科 Lamiaceae

宝盖草 *Lamium amplexicaule* L.

益母草 *Leonurus japonicus* Houttuyn

錾菜 *Leonurus pseudomacranthus* Kitagawa

（三十六）茄科 Solanaceae

苦蘵 *Physalis angulata* L.

枸杞 *Lycium chinense* Mill.

龙葵 *Solanum nigrum* L.

（三十七）玄参科 Scrophulariaceae

通泉草 *Mazus pumilus* （N. L. Burman） Steenis

婆婆纳 *Veronica polita* Fries

水苦荬 *Veronica undulata* Wall.

（三十八）车前科 Plantaginaceae

平车前 *Plantago depressa* Willd.

车前 *Plantago asiatica* L.

大车前 *Plantago major* L.

（三十九）菊科 Asteraceae

马兰 *Aster indicus* （L.） Sch. Bip.

阿尔泰狗娃花 *Aster altaicus* Willd.

一年蓬 *Erigeron annuus* （L.） Pers.

小蓬草 *Erigeron canadensis* L.

茵陈蒿 *Artemisia capillaris* Thunb.

牡蒿 *Artemisia japonica* Thunb.

蒙古蒿 *Artemisia mongolica* （Fisch. ex Bess.） Nakai

大籽蒿 *Artemisia sieversiana* Ehrhart ex Willd.

野艾蒿 *Artemisia lavandulifolia* Candolle

狼杷草 *Bidens tripartita* L.

小花鬼针草 *Bidens parviflora* Willd.

婆婆针 *Bidens bipinnata* L.

刺儿菜 *Cirsium arvense* var. *integrifolium* C. Wimm. et Grabowski

苣荬菜 *Sonchus wightianus* DC.

苦苣菜 *Sonchus oleraceus* L.

中华苦荬菜 *Ixeris chinensis* （Thunb.） Nakai

泥胡菜 *Hemisteptia lyrata* （Bunge） Fischer & C. A. Meyer

鸦葱 *Scorzonera austriaca* Willd.

蒲公英 *Taraxacum mongolicum* Hand.-Mazz.

药用蒲公英 *Taraxacum officinale* F. H. Wigg.

黄鹌菜 *Youngia japonica* （L.） DC.

（四十）眼子菜科 Potamogetonaceae

小眼子菜 *Potamogeton pusillus* L.

菹草 *Potamogeton crispus* L.

（四十一）泽泻科 Alismataceae

野慈姑 *Sagittaria trifolia* L.

（四十二）禾本科 Poaceae

早熟禾 *Poa annua* L.

小画眉草 *Eragrostis minor* Host

大画眉草 *Eragrostis cilianensis* （All.） Link ex Vignolo-Lutati

臭草 *Melica scabrosa* Trin.

北京隐子草 *Cleistogenes hancei* Keng

乱子草 *Muhlenbergia huegelii* Trinius

鹅观草 *Elymus kamoji* （Ohwi） S. L. Chen

千金子 *Leptochloa chinensis* （L.） Nees

牛筋草 *Eleusine indica* （L.） Gaertn.

虎尾草 *Chloris virgata* Sw.

狗尾草 *Setaria viridis* （L.） Beauv.

狗牙根 *Cynodon dactylon* （L.） Pers

茵草 *Beckmannia syzigachne* （Steud.） Fern.

野燕麦 *Avena fatua* L.

野青茅 *Deyeuxia pyramidalis* （Host） Veldkamp

梯牧草 *Phleum pratense* L.

棒头草 *Polypogon fugax* Nees ex Steud.

看麦娘 *Alopecurus aequalis* Sobol.

柳叶箬 *Isachne globosa* （Thunb.） Kuntze

求米草 *Oplismenus undulatifolius* （Arduino） Beauv.

稗 *Echinochloa crus-galli* （L.） P. Beauv.

马唐 *Digitaria sanguinalis* （L.） Scop.

金色狗尾草 *Setaria pumila* （Poiret） Roemer & Schultes

白茅 *Imperata cylindrica* （L.） Beauv.

虱子草 *Tragus berteronianus* Schultes

白茅 *Imperata cylindrica* （L.） Beauv.

荩草 *Arthraxon hispidus* （Trin.） Makino

白羊草 *Bothriochloa ischaemum* （Linnaeus） Keng

拂子茅 *Calamagrostis epigeios* （L.） Roth

毛秆野古草 *Arundinella hirta* （Thunb.） Tanaka

鸭茅 *Dactylis glomerata* L.

长芒草 *Stipa bungeana* Trin.

芨芨草 *Achnatherum splendens* （Trin.） Nevski

大油芒 *Spodiopogon sibiricus* Trin.

荻 *Miscanthus sacchariflorus* （Maximowicz） Hackel

（四十三）莎草科 Cyperaceae

香附子 *Cyperus rotundus* L.

翼果薹草 *Carex neurocarpa* Maxim.

尖嘴薹草 *Carex leiorhyncha* C. A. Mey.

（四十四）浮萍科 Lemnaceae

紫萍 *Spirodela polyrhiza* （Linnaeus） Schleiden

浮萍 *Lemna minor* L.

（四十五）鸭跖草科 Commelinaceae

鸭跖草 *Commelina communis* L.

饭包草 *Commelina benghalensis* Linnaeus

七、园林绿化观赏植物

（一）卷柏科 Selaginellaceae

卷柏 *Selaginella tamariscina* （P. Beauv.） Spring

兖州卷柏 *Selaginella involvens* （Sw.） Spring

垫状卷柏 *Selaginella pulvinata* （Hook. et Grev.） Maxim.

红枝卷柏 *Selaginella sanguinolenta* （L.） Spring

蔓出卷柏 *Selaginella davidii* Franch.

旱生卷柏 *Selaginella stauntoniana* Spring

（二）姬蕨科 Dennstaedtiaceae

溪洞碗蕨 *Dennstaedtia wilfordi* （T. Moore） H. Christ i

（三）水龙骨科 Polypodiaceae

中华水龙骨 *Goniophlebium chinense* （Christ） X.C.Zhang

瓦韦 *Lepisorus thunbergianus* （Kaulf.） Ching

乌苏里瓦韦 *Lepisorus ussuriensis*（Regel et Maack） Ching

华北石韦 *Pyrrosia davidii* （Baker） Ching

有柄石韦 *Pyrrosia petiolosa* （H. Christ） Ching

（四）木贼科 Equisetaceae

问荆 *Equisetum arvense* L.

节节草 *Equisetum ramosissimum* Desf.

（五）中国蕨科 Sinopteridaceae

银粉背蕨 *Aleuritopteris argentea* （S. G. Gmel.） Fee

陕西粉背蕨 *Aleuritopteris argentea* var. *obscura* （Christ） Ching

（六）铁线蕨科 Adiantaceae

团羽铁线蕨 *Adiantum capillus-junonis* Rupr.

（七）蹄盖蕨科 Athyriaceae

日本（华东）蹄盖蕨 *Anisocampium niponicum* （Mett.） Hance

中华蹄盖蕨 *Athyrium sinense* Rupr.

河北对囊蕨 *Deparia vegetior* （Kitagawa） X. C. Zhang

（八）凤尾蕨科 Pteridaceae

蜈蚣凤尾蕨 *Pteris vittata* L.

普通凤丫蕨 *Coniogramme intermedia* Hieron.

无毛凤丫蕨 *Coniogramme intermedia* var. *glabra* Ching

井栏边草 *Pteris multifida* Poir.

（九）肿足蕨科 Hypodematiaceae

肿足蕨 *Hypodematium crenatum*（Forssk.） Kuhn

修株肿足蕨 *Hypodematium gracile* Ching

（十）铁角蕨科 Aspleniaceae

北京铁角蕨 *Asplenium pekinense* Hance

虎尾铁角蕨 *Asplenium incisum* Thunb

华中铁角蕨 *Asplenium sarelii* Hook.

过山蕨 *Asplenium ruprechtii* Tupr.

（十一）鳞毛蕨科 Dryopteridaceae

鞭叶耳蕨（华北耳蕨）*Polystichum craspedosorum*（Maxim.） Diels

三叉耳蕨（戟叶耳蕨）*Polystichum tripteron* （Kunze） C. Presl

中华鳞毛蕨 *Dryopteris chinensis* （Bak.） Koidz.

两色鳞毛蕨 *Dryopteris setosa* （Thunb.） Akasawa

（十二）槐叶苹科 Salviniaceae

槐叶苹 *Salvinia natans* All.

（十三）蘋科 Matsileaceae

蘋 *Marsilea quadrifolia* L. Sp.

（十四）松科 Pinaceae

白皮松 *Pinus bungeana* Zucc. ex Endl.

油松 *Pinus tabuliformis* Carriere

（十五）柏科 Cupressaceae

侧柏 *Platycladus orientalis* （L.） Franco

圆柏 *Juniperus chinensis* L.

（十六）红豆杉科 Taxaceae

南方红豆杉 *Taxus wallichiana* var. *mairei* L. K. Fu & Nan Li

（十七）杨柳科 Salicaceae

毛白杨 *Populus tomentosa* Carrière

山杨 *Populus davidiana* Dode

小叶杨 *Populus simonii* Carr.

腺柳 *Salix chaenomeloides* Kimura

垂柳 *Salix babylonica* L.

旱柳 *Salix matsudana* Koidz.

（十八）胡桃科 Juglandaceae

枫杨 *Pterocarya stenoptera* C. DC.

胡桃 *Juglans regia* L.

胡桃楸 *Juglans mandshurica* Maxim.

（十九）桦木科 Betulaceae

白桦 *Betula platyphylla* Sukaczevl

红桦 *Betula albosinensis* Burkil

千金榆 *Carpinus cordata* Blume

鹅耳枥 *Carpinus turczaninowii* Hance

（二十）壳斗科 Fagaceae

板栗 *Castanea mollissima* Blume

栓皮栎 *Quercus variabilis* Blume

麻栎 *Quercus acutissima* Carruth

槲栎 *Quercus aliena* Blume

槲树 *Quercus dentate* Thunb

蒙古栎 *Quercus mongolica* Fisch. ex Ledeb

房山栎 *Quercus × fangshanensis* Liou

（二十一）榆科 Ulmaceae

大果榆 *Ulmus macrocarpa* Hance

榆树 *Ulmus pumila* L.

春榆 *Ulmus davidiana* var. *japonica* （Rehd.）Nakai

脱皮榆 *Ulmus lamellosa* C. Wang et S. L. Chang

大果榉 *Zelkova sinica* C. K. Schneid.

大叶朴 *Celtis koraiensis* Nakai

黑弹树 *Celtis bungeana* Blume

青檀 *Pteroceltis tatarinowii* Maxim.

（二十二）桑科 Moraceae

桑 *Morus alba* L.

蒙桑 *Morus mongolica* （Bureau）Schneid.

鸡桑 *Morus australis* Poir.

构树 *Broussonetia papyrifera* （L.）L' Her ex Vent

柘 *Maclura tricuspidata* Carriere

（二十三）荨麻科 Urticaceae

透茎冷水花 *Pilea pumila* （L.）A. Gray

（二十四）马兜铃科 Aristolochiaceae

木通马兜铃 *Aristolochia manshuriensis* Kom.

北马兜铃 *Aristolochia contorta* Bunge

（二十五）蓼科 Polygonaceae

红蓼 *Polygonum orientale* L.

翼蓼 *Pteroxygonum giraldii* Dammer et Diels

波叶大黄 *Rheum rhabarbarum* L.

（二十六）苋科 Amaranthaceae

地肤 *Kochia scoparia* （L.）Schrad

尾穗苋 *Amaranthus caudatus* L.

（二十七）石竹科 Caryophyllaceae

石竹 *Dianthus chinensis* L.

瞿麦 *Dianthus superbus* L.

长蕊石头花 *Gypsophila oldhamiana* Miq.

麦蓝菜 *Vaccaria hispanica* （Mill.）Rauschert

鹤草 *Silene fortune* Vis.

浅裂剪秋罗 *Lychnis cognate* Maxim.

（二十八）领春木科 Eupteleaceae

领春木 *Euptelea pleiosperma* Hook. f. et Thomson

（二十九）毛茛科 Ranunculaceae

乌头 *Aconitum carmichaelii* Debeaux

牛扁 *Aconitum barbatum* var. *puberulum* Ledeb.

大火草 *Anemone tomentosa*（Maxim.）C. Pei

毛蕊银莲花 *Anemone cathayensis* var. *hispida* Tamura

华北楼斗菜 *Aquilegia yabeana* Kitag.

紫花楼斗菜 *Aquilegia viridiflora* var. *atropurpurea*（Willd.）Finet et Gagnep.

短尾铁线莲 *Clematis brevicaudata* DC.

粗齿铁线莲 *Clematis grandidentata*（H. Lev. et Vaniot）W. T. Wang

钝萼铁线莲 *Clematis peterae* Hand.-Mazz.

棉团铁线莲 *Clematis hexapetala* Pall.

大叶铁线莲 *Clematis heracleifolia* DC.

翠雀 *Delphinium grandiflorum* L.

白头翁 *Pulsatilla chinensis*（Bunge）Regel

东亚唐松草 *Thalictrum minus* var. *hypoleucum*（Sieb. et Zucc.）Miq.

（三十）木通科 Lardizabalaceae

三叶木通 *Akebia trifoliata*（Thunb）Koidz

（三十一）小檗科 Berberidaceae

淫羊藿 *Epimedium brevicornu* Maxim.

黄芦木 *Berberis amurensis* Rupr.

首阳小檗 *Berberis dielsiana* Fedde

（三十二）防己科 Menispermaceae

蝙蝠葛 *Menispermum dauricum* DC.

（三十三）木兰科 Magnoliaceae

华中五味子 *Schisandra sphenanthera* Rehd. et Wils

五味子 *Schisandra chinensis*（Turcz）Baill

（三十四）罂粟科 Papaveraceae

秃疮花 *Dicranostigma leptopodum*（Maxim.）Fecdde

紫堇 *Corydalis edulis* Mamim.

小花黄堇 *Corydalis racemosa*（Thunb.）Pers.

房山紫堇 *Corydalis fangshanensis* W. T. Wang ex S. Y. He

（三十五）十字花科 Brassicaceae

大叶碎米荠 *Cardamine macrophylla* Willd.

诸葛菜 *Orychophragmus violaceus*（L）O.E. Schulz

（三十六）景天科 Crassulaceae

晚红瓦松 *Orostachys japonica* A. Berger

瓦松 *Orostachys fimbriatus*（Turcz）A. Berger

费菜 *Phedimus aizoon*（L）'t Hart

垂盆草 *Sedum sarmentosum* Bunge

堪察加费菜 *Phedimus kamtschaticus*（Fisch）'t Hart

火焰草 *Castilleja pallida* Franch

（三十七）虎耳草科 Saxifragaceae

落新妇 *Astilbe chinensis*（Maxim.） Franch. et Savat.

太平花 *Philadelphus pekinensis* Rupr.

毛萼山梅花 *Philadelphus dasycalyx* （Rehder） S. Y. Hu

小花溲疏 *Deutzia parviflora* Bunge.

大花溲疏 *Deutzia grandiflora* Bunge.

独根草 *Oresitrophe rupifraga* Bunge.

细叉梅花草 *Parnassia oreophila* Hance

突隔梅花草 *Parnassia delavayi* Franch.

（三十八）蔷薇科 Rosaceae

山桃 *Amygdalus davidiana* （Carriere） de Vos ex Henry

榆叶梅 *Amygdalus triloba* （Lindl.） Ricker

山杏 *Armeniaca sibirica* （L.） Lam.

杏 *Armeniaca vulgaris* Lam.

山樱花 *Cerasus serrulata* （Lindl.） Loudon

欧李 *Cerasus humilis* （Bunge） Sokoloff

灰栒子 *Cotoneaster acutifolius* Turcz.

西北栒子 *Cotoneaster zabelii* C. K. Schneid.

毛叶水栒子 *Cotoneaster submultiflorus* Popov

山楂 *Crataegus pinnatifida* Bunge

蛇莓 *Duchesnea indica* （Andrews） Focke

红柄白鹃梅 *Exochorda giraldii* Hesse

河南海棠 *Malus honanensis* Rehder

委陵菜 *Potentilla chinensis* Ser.

莓叶委陵菜 *Potentilla fragarioides* L.

杜梨 *Pyrus betulifolia* Bunge

豆梨 *Pyrus calleryana* Decne.

美蔷薇 *Rosa bella* Rehder et E. H. Wilson

单瓣黄刺玫 *Rosa xanthina* Lindl. f *normalis* Rehder et E. H. Wilson

地榆 *Sanguisorba officinalis* L.

三裂绣线菊 *Spiraea trilobata* L.

华北绣线菊 *Spiraea fritschiana* C. K. Schncid.

柔毛绣线菊 *Spiraea pubescens* Turcz.

中华绣线菊 *Spiraea chinensis* Maxim.

绣球绣线菊 *Spiraea blumei* G. Don

太行花 *Taihangia rupestris* T. T. Yu et C. L. Li

（三十九）豆科 Fabaceae

山合欢 *Albizia kalkora* （Roxb.） Prain

杭子梢 *Campylotropis macrocarpa* （Bunge） Rehder

红花锦鸡儿 *Caragana rosea* Turcz ex Maxim.

锦鸡儿 *Caragana sinica* （Buc' hoz） Rehd.

皂荚 *Gleditsia sinensis* Lam.

河北木蓝 *Indigofera bungeana* Walp.

胡枝子 *Lespedeza bicolor* Turcz.

美丽胡枝子 *Lespedeza thunbergii* subsp. *formosa*（Vogel） H. Ohashi

绿叶胡枝子 *Lespedeza buergeri* Miq.

短梗胡枝子 *Lespedeza cyrtobotrya* Miq.

多花胡枝子 *Lespedeza floribunda* Bunge

地角儿苗 *Oxytropis bicolor* Bunge

槐 *Styphnolobium japonicum* L.

白刺花 *Sophora davidii* （Franch） Skeels

苦参 *Sophora flavescens* Aiton

大花野豌豆 *Vicia bungei* Ohwi

山野豌豆 *Vicia amoena* Fisch. ex DC.

斜茎黄耆 *Astragalus laxmannii* Jacquin

达乌里黄耆 *Astragalus dahuricus* （Pall.） DC.

（四十）苦木科 Simaroubaceae

臭椿 *Ailanthus altissima* （Mill.） Swingle

（四十一）楝科 Meliaceae

香椿 *Toona sinensis* （A Juss） M. Roem

（四十二）大戟科 Euphorbiaceae

一叶萩 *Geblera suffruticosa* （Pall） Baill

雀儿舌头 *Andrachne chinensis* （Bunge） Pojark

泽漆 *Euphorbia helioscopia* L.

大戟 *Euphorbia pekinensis* Rupr.

（四十三）漆树科 Anacardiaceae

毛黄栌 *Cotinus coggygria* var. *pubescens* Engl.

红叶 *Cotinus coggygria* var. *cinerea* Engl.

黄连木 *Pistacia chinensis* Bunge

盐肤木 *Rhus chinensis* Mill.

青麸杨 *Rhus potaninii* Maxim.

（四十四）卫矛科 Celastraceae

苦皮藤 *Celastrus angulatus* Maxim.

南蛇藤 *Celastrus orbiculatus* Thunb.

卫矛 *Euonymus alatus* （Thunb.） Sieb.

扶芳藤 *Euonymus fortunei* （Turcz.） Hand.-Mazz.

栓翅卫矛 *Euonymus phellomanus* Loes.

白杜 *Euonymus maackii* Rupr.

石枣子 *Euonymus sanguineus* Loes. ex Diels

黄心卫矛 *Euonymus macropterus* Rupr.

（四十五）省沽油科 Staphyleaceae

省沽油 *Staphylea bumalda* DC.

膀胱果 *Staphylea holocarpa* Hemsl.

（四十六）槭树科 Aceraceae

元宝槭 *Acer truncatum* Bunge

青榨槭 *Acer davidii* Franch.

葛罗枫 *Acer davidii* subsp. *grosseri* （Pax） P. C. DeJong

（四十七）无患子科 Sapindaceae

栾树 *Koelreuteria paniculata* Laxm.

（四十八）凤仙花科 Balsaminaceae

水金凤 *Impatiens noli-tangere* L.

卢氏凤仙花 *Impatiens lushiensis* Y. L. Chen

（四十九）鼠李科 Berchemia

勾儿茶 *Berchemia sinica* C. K. Schneid.

北枳椇 *Hovenia acerba* Thunb.

鼠李 *Rhamnus davurica* Pall.

卵叶鼠李 *Rhamnus bungeana* J. J. Vassil.

圆叶鼠李 *Rhamnus globosa* Bunge

锐齿鼠李 *Rhamnus arguta* Maxim.

（五十）葡萄科 Vitaceae

蓝果蛇葡萄 *Ampelopsis bodinieri* （Levl. et Vant.） Rehd.

葎叶蛇葡萄 *Ampelopsis humulifolia* Bunge

桑叶葡萄 *Vitis heyneana* subsp. *ficifolia* （Bunge） C. L. Li

山葡萄 *Vitis amurensis* Rupr.

变叶葡萄 *Vitis piasezkii* Maxim.

（五十一）椴树科 Tiliaceae

扁担杆 *Grewia biloba* G. Don

小花扁担杆 *Grewia biloba* var. *parviflora* （Bunge） Hand.-Mazz.

少脉椴 *Tilia paucicostata* Maxim.

红皮椴 *Tilia paucicostata* var. *dictyoneura* （V. Engl.） H. T. Chang et E. W. Miau

（五十二）猕猴桃科 Actinidiaceae

软枣猕猴桃 *Actinidia arguta* （Sieb.et Zucc.） Planch.ex. Miq

（五十三）堇菜科 Violaceae

紫花地丁 *Viola philippica* Cav.

早开堇菜 *Viola prionantha* Bunge

裂叶堇菜 *Viola dissecta* Ledeb.

（五十四）秋海棠科 Begoniaceae

秋海棠 *Begonia grandis* Dryand.

中华秋海棠 *Begonia grandis* subsp. *sinensis* （A. DC.） Irmsch.

（五十五）胡颓子科 Elaeagnaceae

牛奶子 *Elaeagnus umbellata* Thunb

中国沙棘 *Hippophae rhamnoides* Linn. subsp. *sinensis* Rousi

（五十六）千屈菜科 Lythraceae

千屈菜 *Lythrum salicaria* L.

（五十七）柳叶菜科 Onagraceae

柳叶菜 *Epilobium hirsutum* Royle

（五十八）山茱萸科 Cornaceae

四照花 *Cornus kousa* subsp. *chinensis* （Osborn） Q. Y. Xiang

毛梾 *Cornus walteri* Wangerin

红瑞木 *Cornus alba* Linnaeus

沙梾 *Cornus bretschneideri* L. Henry

（五十九）八角枫科 Alangiaceae

八角枫 *Alangium chinense* （Lour.） Harms

（六十）杜鹃花科 Ericaceae

照山白 *Rhododendron micranthum* Turcz.

（六十一）报春花科 Primulaceae

岩生报春 *Primula saxatilis* Kom.

散布报春 *Primula conspersa* Balf. F. et Purdom

狼尾草 *Lysimachia barystachys* Bunge

狭叶珍珠菜 *Lysimachia pentapetala* Bunge

（六十二）柿树科 Ebenaceae

君迁子 *Diospyros lotus* L.

（六十三）安息香科 Styracaceae

玉铃花 *Styrax obassia* Sieb. et Zucc.

（六十四）木樨科 Oleaceae

流苏树 *Chionanthus retusus* Lindl et Paxton

连翘 *Forsythia suspensa* （Thunb） Vahl

白蜡树 *Fraxinus chinensis* Roxb

小叶梣 *Fraxinus bungeana* A. DC.

北京丁香 *Syringa reticulata* subsp. Pekinensis （Ruprecht） P. S. Green et M. C. Chang

巧玲花 *Syringa pubescens* Turcz.

（六十五）龙胆科 Gentianaceae

红花龙胆 *Gentiana rhodantha* Franch

扁蕾 *Gentianopsis barbata* （Froel） Ma

莕菜 *Nymphoides peltatum* （S G Gmel） Kuntze

（六十六）夹竹桃科 Apocynaceae

络石 *Trachelospermum jasminoides* （Lindl.） Lem.

（六十七）萝藦科 Asclepiadaceae

萝藦 *Metaplexis japonica* （Thunb.） Makino

杠柳 *Periploca sepium* Bunge

（六十八）旋花科 Convolvulaceae

打碗花 *Calystegia hederacea* Wall.

藤长苗 *Calystegia pellita* （Ledeb.） G. Don

牵牛 *Ipomoea nil* （L.） Roth

圆叶牵牛 *Ipomoea purpurea* （L.） Roth

（六十九）马鞭草科 Verbenaceae

华紫珠 *Callicarpa cathayana* H. T. Chang

三花莸 *Caryopteris terniflora* Maxim.

臭牡丹 *Clerodendrum bungei* Steud.

海州常山 *Clerodendrum trichotomum* Thunb.

黄荆 *Vitex negundo* L.

牡荆 *Vitex negundo* var. *cannabifolia* （Sieb. et Zucc） Hand.-Mazz.

荆条 *Vitex negundo* var. *heterophyll* （Franch.） Rehder a

（七十）唇形科 Lamiaceae

藿香 *Agastache rugosa* （Fisch et Mey） O. Ktze.

筋骨草 *Ajuga ciliata* Bunge

紫背金盘 *Ajuga nipponensis* Makino

毛建草 *Dracocephalum rupestre* Hance

香青兰 *Dracocephalum moldavica* L.

野香草 *Elsholtzia cypriani* （Pavolini） S. Chow ex P. S. Hsu

华北香薷 *Elsholtzia stauntoni* Benth

香薷 *Elsholtzia ciliata* （Thunb.） Hyland.

黄芩 *Scutellaria baicalensis* Georgi

并头黄芩 *Scutellaria scordifolia* Fisch ex Schrank

百里香 *Thymus mongolicus* （Ronn） Ronn

丹参 *Salvia miltiorrhiza* Bunge

（七十一）茄科 Solanaceae

挂金灯 *Alkekengi officinarum* var. *franchetii* （Mast.） Makino

酸浆 *Alkekengi officinarum* L.

枸杞 *Lycium chinense* Mill.

（七十二）玄参科 Scrophulariaceae

山罗花 *Melampyrum roseum* Maxim.

楸叶泡桐 *Paulownia catalpifolia* Gong Tong

兰考泡桐 *Paulownia elongata* S. Y. Hu

毛泡桐 *Paulownia tomentosa* （Thunb.） Steud.

松蒿 *Phtheirospermum japonicum* （Thunb.） Kanitz.

水蔓菁 *Pseudolysimachion linariifolium* subsp. Dilatatum （Nakai et Kitag.） D.Y. Hong

短茎马先蒿（埃氏马先蒿）*Pedicularis artselaeri* Maxim.

山西马先蒿 *Pedicularis shansiensis* Tsoong

红纹马先蒿 *Pedicularis striata* Pall.

返顾马先蒿 *Pedicularis resupinata* L.

地黄 *Rehmannia glutinosa* （Gaertn.） Libosch. ex Fisch. et C. A. Mey.

（七十三）紫薇科 Bignoniaceae

梓 *Catalpa ovata* G. Don

楸 *Catalpa bungei* C. A. Mey.

角蒿 *Incarvillea sinensis* Lam.

（七十四）苦苣苔科 Gesneriaceae

珊瑚苣苔 *Corallodiscus cordatulus* （Wall. ex A. DC.） B. L. Burtt

旋蒴苣苔 *Boea hygrometrica* （Bunge） R. Br.

（七十五）茜草科 Rubiaceae

薄皮木 *Leptodermis oblonga* Bunge

鸡矢藤 *Paederia foetida* （Lour.） Merr.

（七十六）忍冬科 Caprifoliaceae

北京忍冬 *Lonicera elisae* Franch.

郁香忍冬 *Lonicera fragrantissima* Lindl. et Paxon

苦糖果 *Lonicera fragrantissima* var. *lancifolia* （Carriere） P. S. Hsu et H. J. Wang

接骨木 *Sambucus williamsii* Hance

陕西荚蒾 *Viburnum schensianum* Maxim.

蒙古荚蒾 *Viburnum mongolicum* （Pall.） Rehder

桦叶荚蒾 *Viburnum betulifolium* Batalin

六道木 *Zabelia biflora* Turcz.

（七十七）败酱科 Valerianaceae

败酱 *Patrinia scabiosaefolia* Fisch. ex Trevie.

糙叶败酱 *Patrinia rupestris* subsp. *scabra* Bunge

墓头回 *Patrinia heterophylla* Bunge

（七十八）川续断科 Dipsacaceae

华北蓝盆花 *Scabiosa tschiliensis* Griining

（七十九）桔梗科 Campanulaceae

荠苨 *Adenophora trachelioides* Maxim.

多歧沙参 *Adenophora potaninii* subsp. Wawreana （Zahlbr.） S. Ge et D. Y. Hong

杏叶沙参 *Adenophora petiolata* subsp. *hunanensis* （Nannf.） D.Y. Hong et S. Ge

心叶沙参 *Adenophora cordifolia* D. Y. Hong

桔梗 *Platycodon grandiflorus* A. DC.

（八十）菊科 Asteraceae

东风菜 *Aster scaber* Thunb （Thunb.） Nees

华东蓝刺头 *Echinops grijsii* Hance

佩兰 *Eupatorium fortunei* Turcz.

猫儿菊 *Hypochaeris ciliate* （Thunb.） Makino

旋覆花 *Inula japonica* Thunb.

欧亚旋覆花 *Inula britanica* L.

马兰 *Aster indicus* （L.） Sch. Bip.

山马兰 *Aster lautureanus* （Debeaux） Franch.

狭苞橐吾 *Ligularia intermedia* Nakai

齿叶橐吾 *Ligularia dentate* （A. Gray） H. Hara

兔儿伞 *Syneilesis aconitifolia* （Bunge） Maxim.

祁州漏芦 *Rhaponticum uniflorum* （L.） DC.

甘菊 *Chrysanthemum lavandulifolium* （Fisch. ex Trautv.） Makino

野菊 *Chrysanthemum indicum* L.

银背菊 *Chrysanthemum argyrophyllum* Ling

太行菊 *Opisthopappus taihangensis* （Ling） Shih

长裂苦苣菜 *Sonchus brachyotus*

狗舌草 *Tephroseris kirilowii* （Turcz. ex DC.） Holub

翅果菊 *Lactuca indica* （L.） Shih

三脉紫菀 *Aster ageratoides* Turcz.

狗娃花 *Heteropappus hispidus* （Thunb.） Less.

（八十一）香蒲科 Typhaceae

香蒲 *Typha orientalis* C. Presl.

小香蒲 *Typha minima* Funk.

无苞香蒲 *Typha laxmannii* Lepech.

（八十二）黑三棱科 Sparganiaceae

黑三棱 *Sparganium stoloniferum* （Graebn.） Buch.-Ham. ex Juz.

（八十三）泽泻科 Alismataceae

野慈姑 *Sagittaria trifolia* L.

（八十四）禾本科 Poaceae

狗牙根 *Cynodon dactylon* （L.） Pers.

芒 *Miscanthus sinensis* Andersson

荻 *Miscanthus sacchariflorus* （Maxim.） Hack

芦苇 *Phragmites australis* （Cav.） Trin. ex Steud.

狼尾草 *Pennisetum alopecuroides* （L.） Spreng.

（八十五）莎草科 Cyperaceae

青绿薹草 *Carex breviculmis* R. Br.

水葱 *Scirpus validus* （C.C. Gmel.） Palla

（八十六）天南星科 Araceae

菖蒲 *Acorus calamus* L.

一把伞南星 *Arisaema erubescens* （Wall.） Schott

虎掌 *Pinellia pedatisecta*

独角莲 *Sauromatum giganteum* （Engl.） Cusimano et Hett.

（八十七）百合科 Liliaceae

茖葱 *Allium victorialis* L.

荞麦叶大百合 *Cardiocrinum cathayanum* （Wilson） Stearn

黄花菜 *Hemerocallis citrina* Baroni

北萱草 *Hemerocallis esculenta* Koidz.

卷丹 *Lilium tigrinum* Ker Gawl.

山丹 *Lilium pumilum* Redoute

禾叶山麦冬 *Liriope graminifolia* （L.） Baker

山麦冬 *Liriope spicata* （Thunb.） Lour.

沿阶草 *Ophiopogon bodinieri* Levl.

麦冬 *Ophiopogon japonicus* （L.f.） Ker Gawl.

北重楼 *Paris verticillata* M.-Bieb.

玉竹 *Polygonatum odoratum* （Mill.） Druce

黄精 *Polygonatum sibiricum* Redouté

二苞黄精 *Polygonatum involucratum* （Franch. et Sav.） Maxim.

轮叶黄精 *Polygonatum verticillatum* （L.） All.

短梗菝葜 *Smilax scobinicaulis* C. H. Wright

华东菝葜 *Smilax sieboldii* Miq.

藜芦 *Veratrum nigrum* L.

曲枝天门冬 *Asparagus trichophyllus* Bunge

天门冬 *Asparagus cochinchinensis* （Lour.） Merr.

（八十八）薯蓣科 Dioscoreaceae

薯蓣 *Dioscorea polystachya* Turcz.

穿龙薯蓣 *Dioscorea nipponica* Makino

（八十九）鸢尾科 Iridaceae

射干 *Belamcanda chinensis* （L.） DC.

野鸢尾 *Iris dichotoma* Pall.

马蔺 *Iris lactea* Pall.

紫苞鸢尾 *Iris ruthenica* Ker Gawl.

（九十）兰科 Orchidaceae

绶草 *Spiranthes sinensis* （Pers.） Ames

二叶兜被兰 *Neottianthe cucullata* （L.） Schltr.

八、蜜源植物

（一）石竹科 Caryophyllaceae

石竹 *Dianthus chinensis* L.

瞿麦 *Dianthus superbus* L.

长蕊石头花 *Gypsophila oldhamiana* Miq.

（二）虎耳草科 Saxifragaceae

落新妇 *Astilbe chinensis* （Maxim.） Franch. et Savat.

（三）猕猴桃科 Actinidiaceae

软枣猕猴桃 *Actinidia arguta* （Sieb. et Zucc.） Planch. ex Miq.

（四）蔷薇科 Rosaceae

华北绣线菊 *Spiraea fritschiana* Schneid.

柔毛绣线菊 *Spiraea pubescens* Turcz.

中华绣线菊 *Spiraea chinensis* Maxim.

疏毛绣线菊 *Spiraea hirsuta* （Hemsl.） Schneid.

三裂绣线菊 *Spiraea trilobata* L.

西北栒子 *Cotoneaster zabelii* Schneid.

灰栒子 *Cotoneaster acutifolius* Turcz.

野山楂 *Crataegus cuneata* Sieb. et Zucc.

山楂 *Crataegus pinnatifida* Bge.

豆梨 *Pyrus calleryana* Dcne.

褐梨 *Pyrus phaeocarpa* Rehd.

沙梨 *Pyrus pyrifolia* （Burm. F.） Nakai

苹果 *Malus pumila* Mill.

河南海棠 *Malus honanensis* Rehd.

野蔷薇 *Rosa multiflora* Thunb.

钝叶蔷薇 *Rosa sertata* Rolfa

美蔷薇 *Rosa bella* Rehd. et Wils.

茅莓 *Rubus parvifolius* L.

喜阴悬钩子 *Rubus mesogaeus* Focke

弓茎悬钩子 *Rubus flosculosus* Focke

山杏 *Armeniaca sibirica* （L.） Lam.

杏 *Armeniaca vulgaris* Lam.

山桃 *Amygdalus davidiana* （Carr.） C. de Vos

桃 *Amygdalus persica* L.

欧李 *Cerasus humilis* （Bge.） Sok.

（五）豆科 Fabaceae

山槐 *Albizia kalkora* （Roxb.） Prain

槐树 *Styphnolobium japonicum* （L.） Schott

天蓝苜蓿 *Medicago lupulina* L.

草木樨 *Melilotus officinalis* （L.） Pall.

白花草木樨 *Melilotus albus* Desr.

野大豆 *Glycine soja* Sieb. et Zucc.

葛 *Pueraria montana* （Loureiro） Merrill

歪头菜 *Vicia unijuga* A. Br.

白车轴草 *Trifolium repens* L.

大花野豌豆 *Vicia bungei* Ohwi

大野豌豆 *Vicia sinogigantea* B. J. Bao & Turland

确山野豌豆 *Vicia kioshanica* Bailey

广布野豌豆 *Vicia cracca* L.

山野豌豆 *Vicia amoena* Fisch. ex DC.

大山黧豆 *Lathyrus davidii* Hance

花木蓝 *Indigofera kirilowii* Maxim. ex Palibin

多花木蓝 *Indigofera amblyantha* Craib

河北木蓝 *Indigofera bungeana* Walp.

紫藤 *Wisteria sinensis* （Sims） DC.

刺槐 *Robinia pseudoacacia* L.

太行米口袋 *Gueldenstaedtia taihangensis* H B Tsui

少花米口袋 *Gueldenstaedtia venia* （Georgi） Boriss

胡枝子 *Lespedeza bicolor* Turcz.

美丽胡枝子 *Lespedeza thunbergii* subsp. *formosa* （Vogel） H. Ohashi

短梗胡枝子 *Lespedeza cyrtobotrya* Miq.

绿叶胡枝子 *Lespedeza buergeri* Miq.

细梗胡枝子 *Lespedeza virgata* （Thunb.） DC.

兴安胡枝子 *Lespedeza davurica* （Laxmann） Schindler

绒毛胡枝子 *Lespedeza tomentosa* （Thunb.） Sieb.

多花胡枝子 *Lespedeza floribunda* Bunge

尖叶铁扫帚 *Lespedeza juncea* （L. f.） Pers.

截叶铁扫帚 *Lespedeza cuneata* （Dum.-Cours.） G. Don

杭子梢 *Campylotropis macrocarpa* （Bge.） Rehd.

（六）鼠李科 Rhamnaceae

酸枣 *Ziziphus jujuba* var. *spinosa* （Bunge） Hu ex H.F.Chow.

枣 *Ziziphus jujuba* Mill.

（七）槭树科 Aceraceae

元宝槭 *Acer truncatum* Bunge

葛萝槭 *Acer davidii* subsp. *grosseri* （Pax） P. C. de Jong

少脉椴 *Tilia paucicostata* Maxim.

（八）夹竹桃科 Apocynaceae

罗布麻 *Apocynum venetum* L.

（九）马鞭草科 erbenaceae

黄荆 *Vitex negundo* L.

牡荆 *Vitex negundo* var. *cannabifolia* （Sieb.et Zucc.） Hand.-Mazz.

三花莸 *Caryopteris terniflora* Maxim.

（十）菊科 Asteraceae

甘菊 *Chrysanthemum lavandulifolium* （Fischer ex Trautvetter） Makino

野菊 *Chrysanthemum indicum* Linnaeus

银背菊 *Chrysanthemum argyrophyllum* Y. Ling

节毛飞廉 *Carduus acanthoides* L.

（十一）香蒲科 Typhaceae

黑三棱 *Sparganium stoloniferum* （Graebn.） Buch.-Ham. ex Juz.

九、用材植物

（一）松科 Pinaceae

油松 *Pinus tabuliformis* Carriere

（二）柏科 Cupressaceae

侧柏 *Platycladus orientalis* （L.） Franco

圆柏 *Juniperus chinensis* L.

（三）红豆杉科 Taxaceae

南方红豆杉 *Taxus wallichiana* var. *mairei*

（四）银杏科 Ginkgoaceae

银杏 *Ginkgo biloba* L.

（五）杨柳科 Salicaceae

山杨 *Populus davidiana* Dode

小叶杨 *Populus simonii* Carr.

毛白杨 *Populus tomentosa* Carrière

旱柳 *Salix matsudana* Koidz.

黄花柳 *Salix caprea* L.

中国黄花柳 *Salix sinica* （Hao） C. Wang et C. F. Fang

腺柳 *Salix chaenomeloides* Kimura

垂柳 *Salix babylonica* L.

（六）胡桃科 Juglandaceae

胡桃 *Juglans regia* L.

胡桃楸 *Juglans mandshurica* Maxim.

枫杨 *Pterocarya stenoptera* C. DC.

（七）桦木科 Betulaceae

白桦 *Betula platyphylla* Suk.

红桦 *Betula albosinensis* Burkill

坚桦 *Betula chinensis* Maxim.

千金榆 *Carpinus cordata* Bl.

鹅耳枥 *Carpinus turczaninowii* Hance

（八）壳斗科 Fagaceae

板栗 *Castanea mollissima* Blume

栓皮栎 *Quercus variabilis* Blume

麻栎 *Quercus acutissima* Carr.

槲树 *Quercus dentata* Thunb.

槲栎 *Quercus aliena* Blume

锐齿槲栎 *Quercus aliena* var. *acutiserrata* Maximowicz ex Wenzig

房山栎 *Quercus* × *fangshanensis* Liou

蒙古栎 *Quercus mongolica* Fischer ex Ledebour

（九）榆科 Ulmaceae

白榆 *Ulmus pumila* L.

大果榆 *Ulmus macrocarpa* Hance

太行榆 *Ulmus taihangshanensis*

脱皮榆 *Ulmus lamellosa* Wang et S. L. Chang ex L. K. Fu

大果榉 *Zelkova sinica* Schneid.

青檀 *Pteroceltis tatarinowii* Maxim.

黑弹树 *Celtis bungeana* Bl.

大叶朴 *Celtis koraiensis* Nakai

（十）桑科 Moraceae

构树 *Broussonetia papyrifera* （Linnaeus） L'Heritier ex Ventenat

柘 *Maclura tricuspidata* Carriere

桑 *Morus alba* L.

蒙桑 *Morus mongolica* （Bur.） Schneid.

鸡桑 *Morus australis* Poir.

华桑 *Morus cathayana* Hemsl.

柘 *Maclura tricuspidata* Carriere

（十一）领春木科 Eupteleaceae

领春木 *Euptelea pleiosperma* J. D. Hooker & Thomson

（十二）蔷薇科 Rosaceae

野山楂 *Crataegus cuneata* Sieb. et Zucc.

山楂 *Crataegus pinnatifida* Bge.

河南海棠 *Malus honanensis* Rehd.

山杏 *Armeniaca sibirica* （L.） Lam.

山桃 *Amygdalus davidiana* （Carr.） C. de Vos

杜梨 *Pyrus betulifolia* Bge.

豆梨 *Pyrus calleryana* Dcne.

（十三）豆科 Fabaceae

山槐 *Albizia kalkora* （Roxb.） Prain

槐树 *Styphnolobium japonicum* （L.） Schott

刺槐 *Robinia pseudoacacia* L.

皂荚 *Gleditsia sinensis* Lam.

（十四）鼠李科 Rhamnaceae

酸枣 *Ziziphus jujuba* var. *spinosa* （Bunge） Hu ex H. F. Chow.

枣 *Ziziphus jujuba* Mill.

北枳椇 *Hovenia dulcis* Thunb.

鼠李 *Rhamnus davurica* Pall.

（十五）无患子科 Sapindaceae

栾树 *Koelreuteria paniculata* Laxm.

（十六）槭树科 Aceraceae

元宝槭 *Acer truncatum* Bunge

葛萝枫 *Acer davidii* subsp. *grosseri* （Pax） P. C. de Jong

青榨槭 *Acer davidii* Franch.

（十七）椴树科 Tiliaceae

少脉椴 *Tilia paucicostata* Maxim.

（十八）芸香科 Rutaceae

臭檀吴萸 *Tetradium daniellii* （Bennett） T. G. Hartley

（十九）苦木科 Simaroubaceae

臭椿 *Ailanthus altissima* （Mill.） Swingle

苦树 *Picrasma quassioides* （D. Don） Benn.

（二十）楝科 Meliaceae

香椿 *Toona sinensis* （A. Juss.） Roem.

楝 *Melia azedarach* L.

（二十一）漆树科 Anacardiaceae

黄连木 *Pistacia chinensis* Bunge

青麸杨 *Rhus potaninii* Maxim.

漆 *Toxicodendron vernicifluum* （Stokes） F. A. Barkl.

（二十二）卫矛科 Celastraceae

白杜 *Euonymus maackii* Rupr.

栓翅卫矛 *Euonymus phellomanus* Loesener

黄心卫矛 *Euonymus macropterus* Rupr.

石枣子 *Euonymus sanguineus* Loes.

卫矛 *Euonymus alatus* （Thunb.） Sieb.

（二十三）省沽油科 Staphyleaceae

膀胱果 *Staphylea holocarpa* Hemsl.

（二十四）山茱萸科 Cornaceae

毛梾 *Cornus walteri* Wangerin

四照花 *Cornus kousa* subsp. *chinensis* （Osborn） Q. Y. Xiang

（二十五）八角枫科 Alangiaceae

八角枫 *Alangium chinense* （Lour.） Harms

（二十六）柿科 Ebenaceae

君迁子 *Diospyros lotus* L.

（二十七）安息香科 Styracaceae

垂珠花 *Styrax dasyanthus* Perk.

玉铃花 *Styrax obassis* Siebold & Zuccarini

（二十八）木樨科 Oleaceae

流苏树 *Chionanthus retusus* Lindl. et Paxt.

白蜡树 *Fraxinus chinensis* Roxb.

小叶梣 *Fraxinus bungeana* DC.

（二十九）泡桐科 Paulowniaceae

毛泡桐 *Paulownia tomentosa* （Thunb.） Steud.

楸叶泡桐 *Paulownia catalpifolia* Gong Tong

兰考泡桐 *Paulownia elongata* S. Y. Hu

（三十）紫葳科 Bignoniaceae

梓 *Catalpa ovata* G. Don

楸 *Catalpa bungei* C. A. Mey

十、农药植物

（一）杨柳科 Salicaceae

山杨 *Populus davidiana* Dode

小叶杨 *Populus simonii* Carr.

垂柳 *Salix babylonica* L.

（二）大麻科 Cannabaceae

大麻 *Cannabis sativa* L.

（三）蓼科 Polygonaceae

水蓼 *Polygonum hydropiper* L.

萹蓄 *Polygonum aviculare* L.

（四）苋科 Amaranthaceae

牛膝 *Achyranthes bidentata* Blume

（五）马齿苋科 Portulacaceae

马齿苋 *Portulaca oleracea* L.

（六）八角枫科 Alangiaceae

瓜木 *Alangium platanifolium* （Sieb. et Zucc.）Harms

（七）漆树科 Anacardiaceae

盐肤木 *Rhus chinensis* Mill.

漆树 *Toxicodendron vernicifluum* （Stokes）F. A. Barkl.

（八）卫矛科 Celastraceae

苦皮藤 *Celastrus angulatus* Maxim.

（九）胡颓子科 Elaeagnaceae

牛奶子 *Elaeagnus umbellata* Thunb.

（十）蔷薇科 Rosaceae

龙芽草 *Agrimonia pilosa* Ldb.

蛇莓 *Duchesnea indica* （Andr.）Focke

地榆 *Sanguisorba officinalis* L.

（十一）景天科 Crassulaceae

瓦松 *Orostachys fimbriata* （Turczaninow）A. Berger

（十二）豆科 Fabaceae Lindl.

苦参 *Sophora flavescens* Alt.

皂荚 *Gleditsia sinensis* Lam.

（十三）桑科 Moraceae

桑树 *Morus alba* L.

葎草 *Humulus scandens* （Lour.）Merr.

（十四）罂粟科 Papaveraceae

白屈菜 *Chelidonium majus* L.

博落回 *Macleaya cordata* （Willd.）R. Br.

小果博落回 *Macleaya microcarpa* （Maxim.）Fedde

（十五）苦木科 Simaroubaceae

臭椿 *Ailanthus altissima* （Mill.）Swingle

苦树 *Picrasma quassioides* （D. Don）Benn.

（十六）楝科 Meliaceae

楝 *Melia azedarach* L.

（十七）伞形科 Apiaceae

蛇床 *Cnidium monnieri* （L.） Cuss.

防风 *Saposhnikovia divaricata* （Turcz.） Schischk.

（十八）茄科 Solanaceae

曼陀罗 *Datura stramonium* L.

龙葵 *Solanum nigrum* L.

（十九）商陆科 Phytolaccaceae

商陆 *Phytolacca acinosa* Roxb.

（二十）鼠李科 Berchemia

锐齿鼠李 *Rhamnus arguta* Maxim.

（二十一）菊科 Asteraceae

牡蒿 *Artemisia japonica* Thunb.

南牡蒿 *Artemisia eriopoda* Bge.

艾 *Artemisia argyi* Lévl. et Van.

黄花蒿 *Artemisia annua* L.

野菊 *Chrysanthemum indicum* Linnaeus

牛蒡 *Arctium lappa* L.

（二十二）菖蒲科 Acoraceae

菖蒲 *Acorus calamus* L.

（二十三）大戟科 Euphorbiaceae

狼毒大戟 *Euphorbia fischeriana* Steud.

泽漆 *Euphorbia helioscopia* L.

乳浆大戟 *Euphorbia esula* L.

（二十四）毛茛科 Ranunculaceae

毛茛 *Ranunculus japonicus* Thunb.

白头翁 *Pulsatilla chinensis* （Bunge） Regel

粗齿铁线莲 *Clematis grandidentata*

贝加尔唐松草 *Thalictrum baicalense* Turcz.

（二十五）百合科 Liliaceae

藜芦 *Veratrum nigrum* L.

（二十六）瑞香科 Thymelaeaceae

狼毒 *Stellera hamaejasme* L.

（二十七）紫草科 Boraginaceae

鹤虱 *Lappula myosotis* Moench

（二十八）萝藦科 Asclepiadaceae

杠柳 *Periploca sepium* Bunge

（二十九）唇形科 Lamiaceae

益母草 *Leonurus japonicus* Houttuyn

香青兰 *Dracocephalum moldavica* L.

薄荷 *Mentha canadensis* Linnaeus

百里香 *Thymus mongolicus* Ronn.

黄芩 *Scutellaria baicalensis* Georgi

十一、染料植物

（一）石松科 Lycopodiaceae

石松 *Lycopodium japonicum* Thunb. ex Murray

（二）柏科 Cupressaceae

侧柏 *Platycladus orientalis* （L.） Franco

（三）杨柳科 Salicaceae

垂柳 *Salix babylonica* L.

（四）胡桃科 Juglandaceae

胡桃 *Juglans regia* L.

（五）桦木科 Betulaceae

白桦 *Betula platyphylla* Suk.

（六）壳斗科 Fagaceae

板栗 *Castanea mollissima* Blume

栓皮栎 *Quercus variabilis* Blume

麻栎 *Quercus acutissima* Carr.

槲栎 *Quercus aliena* Blume

（七）桑科 Moraceae

桑 *Morus alba* L.

鸡桑 *Morus australis* Poir.

柘 *Maclura tricuspidata* Carriere

构树 *Broussonetia papyrifera* （L） L' Her ex Vent

（八）堇菜科 Violaceae

紫花地丁 *Viola philippica* Cav.

（九）蓼科 Polygonaceae

水蓼 *Polygonum hydropiper* L.

杠板归 *Polygonum perfoliatum* L.

酸模 *Rumex acetosa* L.

萹蓄 *Polygonum aviculare* L.

虎杖 *Reynoutria japonica* Houtt.

红蓼 *Polygonum orientale* L.

（十）苋科 Amaranthaceae

苋 *Amaranthus tricolor* L.

（十一）藜科 Chenopodiaceae

菠菜 *Spinacia oleracea* L.

猪毛菜 *Salsola collina* Pall.

（十二）商陆科 Phytolaccaceae

商陆 *Phytolacca acinosa* Roxb.

（十三）木兰科 Magnoliaceae

华中五味子 *Schisandra sphenanthera* Rehd. et Wils.

（十四）蔷薇科 Rosaceae

地榆 *Sanguisorba officinalis* L.

野山楂 *Crataegus cuneata* Sieb. et Zucc.

月季 *Rosa chinensis* Jacq.

玫瑰 *Rosa rugosa* Thunb.

（十五）豆科 Fabaceae

大豆 *Glycine max* （L.） Merr.

野大豆 *Glycine soja* Sieb. et Zucc.

胡枝子 *Lespedeza bicolor* Turcz.

紫花苜蓿 *Medicago sativa* L.

槐 *Styphnolobium japonicum* （L.） Schott

苦参 *Sophora flavescens* Alt.

（十六）牻牛儿苗科 Geraniaceae

牻牛儿苗 *Erodium stephanianum* Willd.

（十七）漆树科 Anacardiaceae

黄连木 *Pistacia chinensis* Bunge

红叶 *Cotinus coggygria* var. *cinerea* Engl.

毛黄栌 *Cotinus coggygria* var. *pubescens* Engl.

盐肤木 *Rhus chinensis* Mill.

漆树 *Toxicodendron vernicifluum* （Stokes） F. A. Barkley

（十八）无患子科 Sapindaceae

栾树 *Koelreuteria paniculata* Laxm.

（十九）鼠李科 Rhamnaceae

鼠李 *Rhamnus davurica* Pall.

卵叶鼠李 *Rhamnus bungeana* J. Vass.

圆叶鼠李 *Rhamnus globosa* Bunge

小叶鼠李 *Rhamnus parvifolia* Bunge

猫乳 *Rhamnella franguloides* （Maxim.） Weberb.

冻绿 *Rhamnus utilis* Decne.

（二十）千屈菜科 Lythraceae

石榴 *Punica granatum* L.

（二十一）柿科 Ebenaceae

君迁子 *Diospyros lotus* L.

柿树 *Diospyros kaki* Thunb.

（二十二）茜草科 Rubiaceae

茜草 *Rubia cordifolia* L.

鸡矢藤 *Paederia foetida* L.

（二十三）忍冬科 Caprifoliaceae

接骨木 *Sambucus williamsii* Hance

（二十四）菊科 Asteraceae

艾 *Artemisia argyi* Lévl. et Van.

野艾蒿 *Artemisia lavandulifolia* Candolle

苍耳 *Xanthium strumarium* L.

狼杷草 *Bidens tripartita* L.

鳢肠 *Eclipta prostrata* （L.） L.

鼠曲草 *Pseudognaphalium affine* （D. Don） Anderberg

向日葵 *Helianthus annuus* L.

（二十五）茄科 Solanaceae

龙葵 *Solanum nigrum* L.

枸杞 *Lycium chinense* Miller

（二十六）旋花科 Convolvulaceae

菟丝子 *Cuscuta chinensis* Lam.

圆叶牵牛 *Ipomoea purpurea* Lam.

（二十七）紫葳科 Bignoniaceae

凌霄 *Campsis grandiflora* （Thunb.） Schum.

（二十八）芝麻科 Pedaliaceae

芝麻 *Sesamum indicum* L.

（二十九）唇形科 Lamiaceae

黄荆 *Vitex negundo* L.

紫苏 *Perilla frutescens* （L.） Britt.

（三十）鸭跖草科 Commelinaceae Mirb.

鸭跖草 *Commelina communis* L.

（三十一）禾本科 Poaceae Barnhart

荩草 *Arthraxon hispidus* （Trin.） Makino

（三十二）薯蓣科 Dioscoreaceae

薯蓣 *Dioscorea polystachya* Turczaninow

十二、鞣料植物

（一）松科 Pinaceae

油松 *Pinus tabuliformis* Carriere

白皮松 *Pinus bungeana* Zucc. ex Endl.

（二）杨柳科 Salicaceae

山杨 *Populus davidiana* Dode

小叶杨 *Populus simonii* Carr.

毛白杨 *Populus tomentosa* Carrière

旱柳 *Salix matsudana* Koidz.

黄花柳 *Salix caprea* L.

中国黄花柳 *Salix sinica* （Hao） C. Wang et C. F. Fang

腺柳 *Salix chaenomeloides* Kimura

垂柳 *Salix babylonica* L.

（三）胡桃科 Juglandaceae

胡桃 *Juglans regia* L.

胡桃楸 *Juglans mandshurica* Maxim.

枫杨 *Pterocarya stenoptera* C. DC.

（四）桦木科 Betulaceae

白桦 *Betula platyphylla* Suk.

红桦 *Betula albosinensis* Burkill

坚桦 *Betula chinensis* Maxim.

千金榆 *Carpinus cordata* Bl.

鹅耳枥 *Carpinus turczaninowii* Hance

榛 *Corylus heterophylla* Fisch. ex Trautv.

毛榛 *Corylus mandshurica* Maxim.

虎榛子 *Ostryopsis davidiana* Decaisne

（五）壳斗科 Fagaceae

板栗 *Castanea mollissima* Blume

栓皮栎 *Quercus variabilis* Blume

麻栎 *Quercus acutissima* Carr.

槲树 *Quercus dentata* Thunb.

槲栎 *Quercus aliena* Blume

锐齿槲栎 *Quercus aliena* var. *acutiserrata* Maximowicz ex Wenzig

蒙古栎 *Quercus mongolica* Fischer ex Ledebour

（六）蓼科 Polygonaceae

萹蓄 *Polygonum aviculare* L.

习见蓼 *Polygonum plebeium* R. Br.

杠板归 *Polygonum perfoliatum* L.

齿果酸模 *Rumex dentatus* L.

巴天酸模 *Rumex patientia* L.

皱叶酸模 *Rumex crispus* L.

酸模 *Rumex acetosa* L.

尼泊尔蓼 *Polygonum nepalense* Meisn.

拳蓼 *Polygonum bistorta* L.

虎杖 *Reynoutria japonica* Houtt.

（七）商陆科 Phytolaccaceae

商陆 *Phytolacca acinosa* Roxb.

（八）虎耳草科 Saxifragaceae

扯根菜 *Penthorum chinense* Pursh

大花溲疏 *Deutzia grandiflora* Bunge

（九）蔷薇科 Rosaceae

三裂绣线菊 *Spiraea trilobata* L.

华北绣线菊 *Spiraea fritschiana* Schneid.

柔毛绣线菊 *Spiraea pubescens* Turcz.

中华绣线菊 *Spiraea chinensis* Maxim.

灰栒子 *Cotoneaster acutifolius* Turcz.

西北栒子 *Cotoneaster zabelii* Schneid.

毛叶水栒子 *Cotoneaster submultiflorus* Popov

山楂叶悬钩子 *Rubus crataegifolius* Bge.

杜梨 *Pyrus betulifolia* Bge.

豆梨 *Pyrus calleryana* Dcne.

山楂 *Crataegus pinnatifida* Bge.

路边青 *Geum aleppicum* Jacq.

地榆 *Sanguisorba officinalis* L.

龙芽草 *Agrimonia pilosa* Ldb.

茅莓 *Rubus parvifolius* L.

覆盆子 *Rubus idaeus* L.

弓茎悬钩子 *Rubus flosculosus* Focke

黄刺玫 *Rosa xanthina* Lindl.

翻白草 *Potentilla discolor* Bge.

莓叶委陵菜 *Potentilla fragarioides* L.

委陵菜 *Potentilla chinensis* Ser.

（十）豆科 Fabaceae

山合欢 *Albizia kalkora* （Roxb.） Prain

刺槐 *Robinia pseudoacacia* L.

杭子梢 *Campylotropis macrocarpa* （Bunge） Rehder

红花锦鸡儿 *Caragana rosea* Turcz. ex Maxim.

锦鸡儿 *Caragana sinica*（Buc'hoz） Rehd.

皂荚 *Gleditsia sinensis* Lam.

河北木蓝 *Indigofera bungeana* Walp.

胡枝子 *Lespedeza bicolor* Turcz.

美丽胡枝子 *Lespedeza thunbergii* subsp. *formosa* （Vogel） H. Ohashi

绿叶胡枝子 *Lespedeza buergeri* Miq.

短梗胡枝子 *Lespedeza cyrtobotrya* Miq.

多花胡枝子 *Lespedeza floribunda* Bunge

达乌里胡枝子 *Lespedeza davurica* （Laxmann） Schindler

槐树 *Styphnolobium japonicum* L.

少花米口袋 *Gueldenstaedtia venia* （Georgi） Boriss.

（十一）牻牛儿苗科 Geraniaceae

老鹳草 *Geranium wilfordii* Maxim.

鼠掌老鹳草 *Geranium sibiricum* L.

牻牛儿苗 *Erodium stephanianum* Willd.

（十二）漆树科 Anacardiaceae

黄连木 *Pistacia chinensis* Bunge

青麸杨 *Rhus potaninii* Maxim.

盐肤木 *Rhus chinensis* Mill.

漆树 *Toxicodendron vernicifluum* （Stokes） F. A. Barkl.

红叶 *Cotinus coggygria* var. *cinerea* Engl.

（十三）苦木科 Simaroubaceae

臭椿 *Ailanthus altissima* （Mill.） Swingle

（十四）楝科 Meliaceae

楝 *Melia azedarach* L.

（十五）鼠李科 Rhamnaceae

鼠李 *Rhamnus davurica* Pall.

小叶鼠李 *Rhamnus parvifolia* Bunge

卵叶鼠李 *Rhamnus bungeana* J. Vass.

圆叶鼠李 *Rhamnus globosa* Bunge

锐齿鼠李 *Rhamnus arguta* Maxim.

（十六）槭树科 Aceraceae

元宝槭 *Acer truncatum* Bunge

葛萝枫 *Acer davidii* subsp. *grosseri* （Pax） P. C. de Jong

青榨槭 *Acer davidii* Franch.

（十七）无患子科 Sapindaceae

栾树 *Koelreuteria paniculata* Laxm.

（十八）萝藦科 Asclepiadaceae

地梢瓜 *Cynanchum thesioides*（Freyn）K. Schum.

（十九）山茱萸科 Cornaceae

毛梾 *Cornus walteri* Wangerin

梾木 *Cornus macrophylla* Wallich

（二十）千屈菜科 Lythraceae

千屈菜 *Lythrum salicaria* L.

（二十一）石榴科 Punicaceae

石榴 *Punica granatum* L.

（二十二）柳叶菜科 Onagraceae

柳叶菜 *Epilobium hirsutum* L.

（二十三）柿科 Ebenaceae

柿树 *Diospyros kaki* Thunb.

君迁子 *Diospyros lotus* L.

（二十四）忍冬科 Caprifoliaceae

金银忍冬 *Lonicera maackii*（Rupr.）Maxim.

忍冬 *Lonicera japonica* Thunb.

（二十五）菊科 Asteraceae

鳢肠 *Eclipta prostrata*（L.）L.

狗娃花 *Aster hispidus* Thunb.

十三、野菜植物

（一）石松科 Lycopodiaceae

石松 *Lycopodium japonicum* Thunb. ex Murray

（二）蘋科 Marsileaceae

蘋 *Marsilea quadrifolia* All.

（三）杨柳科 Salicaceae

小叶杨 *Populus simonii* Carrière

垂柳 *Salix babylonica* L.

（四）榆科 Ulmaceae

榆树 *Ulmus pumila* L.

大果榆 *Ulmus macrocarpa* Hance

春榆 *Ulmus davidiana* var. *japonica*（Rehd.）Nakai

大叶朴 *Celtis koraiensis* Nakai

黑弹树 *Celtis bungeana* Bl.

青檀 *Pteroceltis tatarinowii* Maxim.

（五）桑科 Moraceae

桑树 *Morus alba* L.

构树 *Broussonetia papyrifera*（L.）L'Her ex Vent

葎草 *Humulus scandens*（Lour.）Merr.

（六）蓼科 Polygonaceae

萹蓄 *Polygonum aviculare* L.

红蓼 *Polygonum orientale* L.

两栖蓼 *Polygonum amphibium* L.

水蓼 *Polygonum hydropiper* L.

戟叶蓼 *Polygonum thunbergii* Sieb. et Zucc.

酸模叶蓼 *Polygonum lapathifolium* L.

齿果酸模 *Rumex dentatus* L.

巴天酸模 *Rumex patientia* L.

酸模 *Rumex acetosa* L.

尼泊尔蓼 *Polygonum nepalense*

虎杖 *Reynoutria japonica* Houtt.

（七）苋科 Amaranthaceae

地肤 *Kochia scoparia*（L.）Schrad.

杂配藜 *Chenopodium hybridum* L.

灰绿藜 *Chenopodium glaucum* L.

尖头叶藜 *Chenopodium acuminatum* Willd.

小藜 *Chenopodium ficifolium* Sm.

藜 *Chenopodium album* L.

猪毛菜 *Salsola collina* Pall.

反枝苋 *Amaranthus retroflexus* L.

刺苋 *Amaranthus spinosus* L.

凹头苋 *Amaranthus blitum* L.

皱果苋 *Amaranthus viridis* L.

绿穗苋 *Amaanthus hybridus* L.

繁穗苋 *Amaranthus cruentus* L.

尾穗苋 *Amaranthus caudatus* L.

腋花苋 *Amaranthus roxburghianus* H. W. Kung

青葙 *Celosia argentea* L.

牛膝 *Achyranthes bidentata* Blume

喜旱莲子草 *Alternanthera philoxeroides*（Mart.）Griseb.

（八）商陆科 Phytolaccaceae

商陆 *Phytolacca acinosa* Roxb.

垂序商陆 *Phytolacca americana* L.

（九）马齿苋科 Portulacaceae

马齿苋 *Portulaca oleracea* L.

（十）土人参科 Talinaceae

土人参 *Talinum paniculatum* （Jacq.） Gaertn.

（十一）木通科 Lardizabalaceae

三叶木通 *Akebia trifoliata* （Thunb.） Koidz.

（十二）毛茛科 Ranunculaceae Juss.

东亚唐松草 *Thalictrum minus* var. *hypoleucum* （Sieb.et Zucc.） Miq.

展枝唐松草 *Thalictrum squarrosum* Steph. et Willd.

华北耧斗菜 *Aquilegia yabeana* Kitag.

（十三）木兰科 Magnoliaceae

华中五味子 *Schisandra sphenanthera* Rehd. et Wils.

（十四）石竹科 Caryophyllaceae

无心菜 *Arenaria serpyllifolia* L.

鹅肠菜 *Myosoton aquaticum* （L.） Moench

麦瓶草 *Silene conoidea* L.

女娄菜 *Silene aprica* Turcz.

坚硬女娄菜 *Silene firma* Sieb. et Zucc.

长蕊石头花（霞草）*Gypsophila oldhamiana* Miq.

麦蓝菜 *Vaccaria hispanica* （Miller） Rauschert

（十五）十字花科 Brassicaceae

荠 *Capsella bursa-pastoris* （L.） Medik

涩荠 *Malcolmia Africana* （L.） R. Br.

沼生蔊菜 *Rorippa palustris* （L.） Besser

细子蔊菜 *Rorippa cantoniensis* （Lour） Ohwi

风花菜 *Rorippa globosa* （Turcz ex Fisch et C A Mey） Hayek

蔊菜 *Rorippa indica* （L.） Hiern

无瓣蔊菜 *Rorippa dubia* （Pers.） Hara

诸葛菜 *Orychophragmus violaceus* （L.） O.E. Schulz

离子芥 *Chorispora tenella* （Pall.） DC.

独行菜 *Lepidium apetalum* Willd.

北美独行菜 *Lepidium virginicum* L.

葶苈 *Draba nemorosa* L.

白花碎米荠 *Cardamine leucantha* O. E. Schulz

紫花碎米荠 *Cardamine purpurascens* （O. E. Schulz） Al-Shehbaz et al.

弯曲碎米荠 *Cardamine flexuosa* With.

大叶碎米荠 *Cardamine macrophylla* Willd.

碎米荠 *Cardamine hirsute* L.

豆瓣菜 *Nasturtium officinale* R. Br.

播娘蒿 *Descurainia sophia*（L.） Webb ex Prantl

小花糖芥 *Erysimum cheiranthoides* L.

（十六）景天科 Crassulaceae

费菜 *Phedimus aizoon* （L.）'t Hart

垂盆草 *Sedum sarmentosum* Bunge

（十七）虎耳草科 Saxifragaceae

落新妇 *Astilbe chinensis* （Maxim.） Franch. et Savat.

扯根菜 *Penthorum chinense* Pursh

（十八）荨麻科 Urticaceae

狭叶荨麻 *Urtica angustifolia* Fisch. ex Hornem.

（十九）蔷薇科 Rosaceae

红柄白鹃梅 *Exochorda giraldii* Hesse

委陵菜 *Potentilla chinensis* Ser.

翻白草 *Potentilla discolor* Bunge

朝天委陵菜 *Potentilla supine* L.

莓叶委陵菜 *Potentilla fragarioides* L.

三叶委陵菜 *Potentilla freyniana* Bornm.

蛇含委陵菜 *Potentilla kleiniana* Wight et Arn.

龙芽草 *Agrimonia pilosa* Ledeb.

地榆 *Sanguisorba officinalis* L.

路边青 *Geum japonicum* Jacq.

（二十）豆科 Fabaceae

国槐 *Styphnolobium japonicum* L.

紫苜蓿 *Medicago sativa* L.

小苜蓿 *Medicago minima* （L.） Bartal

天蓝苜蓿 *Medicago lupulina* L.

歪头菜 *Vicia unijuga* A. Braun

葛 *Pueraria montana* （Lour） Merr .

地角儿苗 *Oxytropis bicolor* Bunge

救荒野豌豆 *Vicia sativa* L.

大花野豌豆 *Vicia bungei* Ohwi

大野豌豆 *Vicia pseudo-orobus*

山野豌豆 *Vicia amoena* Fisch. ex DC.

小巢菜 *Vicia hirsuta* （L.） S. F. Gray

广布野豌豆 *Vicia cracca* L.

大山黧豆 *Lathyrus davidii* Hance

刺槐 *Robinia pseudoacacia* L.

鸡眼草 *Kummerowia striata* （Thunb）　Schindl

长萼鸡眼草 *Kummerowia stipulacea* （Maxim）　Makino

野大豆 *Glycine soja* Sieb. et Zucc.

草木樨 *Melilotus officinalis* （L.）　Pall.

决明 *Senna tora* （Linnaeus）　Roxburgh

紫藤 *Wisteria sinensis* （Sims）　DC.

藤萝 *Wisteria villosa* Rehd.

胡枝子 *Lespedeza bicolor* Turcz.

美丽胡枝子 *Lespedeza thunbergii* subsp. *formosa* （Vogel）　H. Ohashi

山槐 *Albizia kalkora* （Roxb.）　Prain

（二十一）酢浆草科 Oxalidaceae

酢浆草 *Oxalis corniculata* L.

（二十二）芸香科 Rutaceae

花椒 *Zanthoxylum bungeanum* Maxim.

竹叶花椒 *Zanthoxylum armatum* DC.

（二十三）苦木科 Simaroubaceae

臭椿 *Ailanthus altissima* （Mill.）　Swingle

（二十四）楝科 Meliaceae

香椿 *Toona sinensis* （A. Juss）　M. Roem

（二十五）大戟科 Euphorbiaceae

铁苋菜 *Acalypha australis* L.

地锦草 *Euphorbia humifusa* Willd.

（二十六）省沽油科 Staphyleaceae

省沽油 *Staphylea bumalda* DC.

（二十七）无患子科 Sapindaceae

栾树 *Koelreuteria paniculata* Laxm.

（二十八）漆树科 Anacardiaceae

黄连木 *Pistacia chinensis* Bunge

漆树 *Toxicodendron vernicifluum* （Stokes）　F. A. Barkley

盐肤木 *Rhus chinensis* Mill.

（二十九）卫矛科 Celastraceae

栓翅卫矛 *Euonymus phellomanus* Loesener

卫矛 *Euonymus alatus* （Thunb.）　Sieb.

扶芳藤 *Euonymus fortunei* （Turcz.）　Hand.-Mazz.

南蛇藤 *Celastrus orbiculatus* Thunb.

（三十）鼠李科 Rhamnaceae

酸枣 *Ziziphus jujuba* var. *spinosa* （Bunge）　Hu ex H.F.Chow.

（三十一）锦葵科 Malvaceae

野西瓜苗 *Hibiscus trionum* L.

野葵 *Malva verticillata* L.

蜀葵 *Alcea rosea* Linnaeus

（三十二）葡萄科 Vitaceae

乌蔹莓 *Cayratia japonica* （Thunb.） Gagnep.

爬山虎 *Parthenocissus tricuspidata* （Siebold & Zucc.） Planch.

（三十三）堇菜科 Violaceae

紫花地丁 *Viola philippica* Cav.

早开堇菜 *Viola prionantha* Bunge

鸡腿堇菜 *Viola acuminata* Ledeb.

（三十四）秋海棠科 Begoniaceae

中华秋海棠 *Begonia grandis* subsp. *Sinensis* （A. DC.） Irmsch.

（三十五）千屈菜科 Lythraceae

千屈菜 *Lythrum salicaria* L.

（三十六）柳叶菜科 Onagraceae

柳叶菜 *Epilobium hirsutum* L.

节节菜 *Rotala indica* （Willd.） Koehne

（三十七）伞形科 Apiaceae

水芹 *Oenanthe javanica*（Blume） DC.

大齿山芹 *Ostericum grosseserratum* （Maxim.） Kitagawa

鸭儿芹 *Cryptotaenia japonica* Hassk.

藁本 *Ligusticum sinense* Oliv.

变豆菜 *Sanicula chinensis* Bunge

窃衣 *Torilis scabra* （Thunb.） DC.

（三十八）白花丹科 Plumbaginaceae Juss.

二色补血草 *Limonium bicolor* （Bunge） Kuntze

（三十九）山茱萸科 Cornaceae

毛梾 *Cornus walteri* Wangerin

（四十）报春花科 Primulaceae

矮桃 *Lysimachia clethroides* Duby

（四十一）木樨科 Oleaceae

连翘 *Forsythia suspensa* （Thunb.） Vahl

（四十二）夹竹桃科 Apocynaceae

萝藦 *Metaplexis japonica* （Thunb.） Makino

杠柳 *Periploca sepium* Bunge

地梢瓜 *Cynanchum thesioides* （Freyn） K. Schum.

（四十三）紫草科 Boraginaceae

附地菜 *Trigonotis peduncularis* （Trev.） Benth. ex Baker et Moore

田紫草 *Lithospermum arvense* L.

（四十四）旋花科 Calystegia

打碗花 *Calystegia hederacea* Wall.

田旋花 *Convolvulus arvensis* L.

番薯 *Ipomoea batatas* （L.） Lamarck

（四十五）唇形科 Lamiaceae

活血丹 *Glechoma longituba* （Nakai） Kuprian

益母草 *Leonurus japonicus* Houtt

錾菜 *Leonurus pseudomacranthus* Kitagawa

夏枯草 *Prunella vulgaris* L.

地笋 *Lycopus lucidus* Turcz ex Benth

紫苏 *Perilla frutescens* （L.） Britt.

薄荷 *Mentha Canadensis* L.

留兰香 *Mentha spicata* L.

香薷 *Elsholtzia ciliate* （Thunb.） Hyland.

藿香 *Agastache rugosa* （Fisch et Mey） O. Ktze.

宝盖草 *Lamium amplexicaule* L.

野芝麻 *Lamium barbatum* Sieb. et Zucc.

（四十六）马鞭草科 Verbenaceae

黄荆 *Vitex negundo* L.

牡荆 *Vitex negundo* var. *cannabifolia* （Sieb.et Zucc.） Hand.-Mazz.

海州常山 *Clerodendrum trichotomum* Thunb.

（四十七）茄科 Solanaceae

枸杞 *Lycium chinense* Mill.

苦蘵 *Physalis angulata* L.

龙葵 *Solanum nigrum* L.

挂金灯 *Alkekengi officinarum* var. *franchetii* （Mast.） R.J.Wang

（四十八）玄参科 Scrophulariaceae

婆婆纳 *Veronica polita* Fries

地黄 *Rehmannia glutinosa* （Gaertn.） Libosch. ex Fisch. et C. A. Mey.

返顾马先蒿 *Pedicularis resupinata* L.

北水苦荬 *Veronica anagallis-aquatica* L.

（四十九）紫葳科 Bignoniaceae

梓树 *Catalpa ovata* G. Don

（五十）茜草科 Rubiaceae

猪殃殃 *Galium spurium* L.

鸡矢藤 *Paederia foetida* L.

（五十一）车前科 Plantaginaceae

大车前 *Plantago major* L.

车前 *Plantago asiatica* L.

平车前 *lantago depressa* Willd.

（五十二）败酱科 Valerianaceae

败酱 *Patrinia scabiosifolia* Fisch. ex Trevie.

（五十三）忍冬科 Caprifoliaceae

接骨草 *Sambucus javanica* Blume

接骨木 *Sambucus williamsii* Hance

（五十四）桔梗科 Campanulaceae

桔梗 *Platycodon grandiflorus* A. DC.

党参 *Codonopsis pilosula* （Franch.） Nannf.

羊乳 *Codonopsis lanceolata* （Sieb. et Zucc.） Trautv.

荠苨 *Denophora trachelioides* Maxim.

轮叶沙参 *Adenophora tetraphylla* （Thunb.） Fisch.

（五十五）牻牛儿苗科 Geraniaceae

老鹳草 *Geranium wilfordii* Maxim.

（五十六）菊科 Asteraceae

东风菜 *Aster scabra* Moench

马兰 *Aster indicus* （L.） Sch. Bip.

鳢肠 *Eclipta prostrate* （L.） L.

野菊 *Chrysanthemum indicum* L.

牛蒡 *Arctium lappa* L.

蒌蒿 *Artemisia selengensis* Turcz. ex Besser

牡蒿 *Artemisia japonica* Thunb.

野艾蒿 *Artemisia lavandulifolia* DC.

刺儿菜 *Cirsium arvense* var. *integrifolium* （Willd.） Besser ex M. Bieb.

泥胡菜 *Hemisteptia lyrata* （Bunge） Bunge

华北鸦葱 *Scorzonera albicaulis* Bunge

桃叶鸦葱 *Scorzonera sinensis* Lipsch. et Krasch.

鸦葱 *Scorzonera austriaca* Willd.

黄鹌菜 *Youngia japonica* （L.） DC.

蒲公英 *Taraxacum mongolicum* Hand.-Mazz.

中华苦荬菜 *Xeris chinensis* （Thunb.） Nakai

苣荬菜 *Sonchus wightianus*

苦苣菜 *Sonchus oleraceus* L.

尖裂假还阳参 *Crepidiastrum sonchifolium* （Maxim.） Pak & Kawano

茵陈蒿 *Artemisia capillaris* Thunb.

菊芋 *Helianthus tuberosus* L.

款冬 *Tussilago farfara* L.

紫菀 *Aster tataricus* L.f.

三脉紫菀 *Aster trinervius* subsp. *ageratoides* （Turczaninow） Grierson

小花鬼针草 *Bidens parviflora* Willd.

婆婆针 *Bidens bipinnata* L.

鬼针草 *Bidens pilosa* L.

节毛飞廉 *Carduus acanthoides* L.

苍术 *Atractylodes lancea* （Thunb.） DC.

豨莶 *Sigesbeckia orientalis* Linnaeus

鼠曲草 *Pseudognaphalium affine* （D. Don） Anderberg

小飞蓬 *Erigeron canadensis* L.

兔儿伞 *Syneilesis aconitifolia* （Bunge） Maxim.

（五十七）香蒲科 Typhaceae

香蒲 *Typha orientalis* Presl

小香蒲 *Typha minima* Funk

水烛 *Typha angustifolia* L.

（五十八）眼子菜科 Potamogetonaceae

眼子菜 *Potamogeton distinctus* A. Bennett

菹草 *Potamogeton crispus* L.

（五十九）睡菜科 Menyanthaceae

荇菜 *Nymphoides peltata* （S. G. Gmelin） Kuntze

（六十）泽泻科 Alismataceae

野慈姑 *Sagittaria trifolia* L.

（六十一）禾本科 Poaceae

芦苇 *Phragmites australis* （Cav.） Trin. ex Steud.

白茅 *Imperata cylindrica* （L.） Raeusch.

牛筋草 *Eleusine indica* （L.） Gaertn.

狗牙根 *Cynodon dactylon* （L.） Pers.

鹅观草 *Elymus kamoji* （Ohwi） S. L. Chen

稗 *Echinochloa crus-galli* （L.） P. Beauv.

茅根 *Perotis indica* （L.） Kuntze

（六十二）鸭跖草科 Commelinaceae

鸭跖草 *Commelina communis* L.

饭包草 *Commelina bengalensis* L.

（六十三）百合科 Liliaceae

山丹 *Lilium pumilum* Redoute

卷丹 *Lilium tigrinum* Ker Gawler

黄花菜 *Hemerocallis citrina* Baroni

小黄花菜 *Hemerocallis minor* Mill.

小萱草 *Hemerocallis dumortieri* Morr.

黄精 *Polygonatum sibiricum* Redouté

玉竹 *Polygonatum odoratum* （Mill.） Druce

鹿药 *Maianthemum japonicum* （A. Gray） LaFrankie

麦冬 *Ophiopogon japonicus* （L. f.） Ker-Gawl.

天门冬 *Asparagus cochinchinensis* （Lour.） Merr.

薤白 *Allium macrostemon* Bunge

长梗韭 *Allium neriniflorum* （Herb.） G. Don

野韭 *Allium ramosum* L.

山韭 *Allium senescens* L.

茖葱 *Allium victorialis* L.

黄花葱 *Allium condensatum* Turcz.

牛尾菜 *Smilax riparia* A. DC.

（六十四）鸢尾科 Iridaceae

马蔺 *Iris lactea* Pall.

（六十五）薯蓣科 Dioscoreaceae

薯蓣 *Dioscorea polystachya* Turcz.

十四、野生果品

（一）松科 Pinaceae

白皮松 *Pinus bungeana* Zucc. ex Endl.

油松 *Pinus tabuliformis* Carriere

（二）桦木科 Betulaceae

榛 *Corylus heterophylla* Fisch. ex Trautv.

毛榛 *Corylus mandshurica* Maxim.

（三）桑科 Moraceae

桑 *Morus alba* L.

蒙桑 *Morus mongolica* （Bureau） Schneid.

鸡桑 *Morus australis* Poir.

构树 *Broussonetia papyrifera* （L.） L'Her ex Vent

柘树 *Maclura tricuspidata* Carriere

（四）夹竹桃科 Apocynaceae

地梢瓜 *Cynanchum thesioides* （Freyn） K. Schum.

（五）木通科 Lardizabalaceae

三叶木通 *Akebia trifoliata* （Thunb） Koidz

（六）蔷薇科 Rosaceae

山楂 *Crataegus pinnatifida* Bunge

湖北山楂 *Crataegus hupehensis* Sarg.

豆梨 *Pyrus calleryana* Decne.

河南海棠 *Malus honanensis* Rehd.

黄刺玫 *Rosa xanthina* Lindl.

钝叶蔷薇 *Rosa sertata* Rolfa

美蔷薇 *Rosa bella* Rehd. et Wils.

茅莓 *Rubus parvifolius* L.

弓茎悬钩子 *Rubus flosculosus* Focke

山楂叶悬钩子 *Rubus crataegifolius* Bge.

山桃 *Amygdalus davidiana* （Carriere） de Vos ex Henry

山杏 *Armeniaca sibirica* （L.） Lam.

欧李 *Cerasus humilis* （Bunge） Sokoloff

（七）鼠李科 Rhamnaceae

酸枣 *Ziziphus jujuba* var. *spinosa* （Bunge） Hu ex H.F.Chow.

北枳椇 *Hovenia dulcis* Thunb.

多花勾儿茶 *Berchemia floribunda* （Wall.） Brongn.

（八）葡萄科 Vitaceae

山葡萄 *Vitis amurensis* Rupr.

复叶葡萄 *Vitis piasezkii* Maxim.

桑叶葡萄 *Vitis heyneana* subsp. *ficifolia* （Bge.） C.L.Li

毛葡萄 *Vitis heyneana* Roem. et Schult

华北葡萄 *Vitis bryoniifolia* Bunge

（九）柿科 Ebenaceae

君迁子 *Diospyros lotus* L.

（十）猕猴桃科 Actinidiaceae

软枣猕猴桃 *Actinidia arguta* （Sieb. et Zucc.） Planch. ex Miq.

（十一）胡颓子科 Elaeagnaceae

牛奶子 *Elaeagnus umbellata* Thunb.

中国沙棘 *Hippophae rhamnoides* subsp. *sinensis* Rousi

（十二）山茱萸科 Cornaceae

四照花 *Cornus kousa* subsp. *chinensis* （Osborn） Q. Y. Xiang

（十三）茄科 Solanaceae

挂金灯 *Alkekengi officinarum* var. *franchetii* （Mast.） R.J.Wang

酸浆 *Alkekengi officinarum* Moench

枸杞 *Lycium chinense* Miller

（十四）忍冬科 Caprifoliaceae

苦糖果 *Lonicera fragrantissima* var. *lancifolia* （Rehder） Q. E. Yang

十五、重要的农作物和特殊经济材料种质资源植物

（一）猕猴桃科 Actinidiaceae

软枣猕猴桃 *Actinidia arguta* （Sieb. et Zucc.） Planch. ex Miq.

（二）柿科 Ebenaceae

君迁子 *Diospyros lotus* L.

（三）胡桃科 Juglandaceae

野胡桃 *Juglans mandshurica* Maxim.

（四）豆科 Fabaceae

野大豆 *Glycine soja* Sieb. et Zucc.

（五）蔷薇科 Rosaceae

杜梨 *Pyrus betulifolia* Bge.

豆梨 *Pyrus calleryana* Decne.

第三章　林虑山珍稀濒危重点保护植物

第一节　概　述

　　珍稀濒危植物是指所有由于物种自身的原因或受到人类活动或自然灾害的影响而有灭绝危险的野生植物。在实际划分中通常是指那些珍贵、濒危或稀有的野生植物。本书中收集的林虑山分布的野生珍稀濒危植物（含少量长期栽培物种）分为两部分，一是国家公布名录中的植物，二是河南省政府公布的省级珍稀濒危植物名录。

一、国家公布的名录

　　2021年9月7日，经国务院批准，国家林业和草原局、国家农业农村部将调整后的《国家重点保护野生植物名录》（简称《保护名录》）正式向社会发布。新调整的《保护名录》，共列入国家重点保护野生植物455种和40类（"类"指的是整科、整属或整组列入的植物。把"类"换算成"种"，整个新名录的物种数大约有1 101种，较1999年版本增加了约700种，较征求意见稿增加了约300种，是旧名录的4倍），包括国家一级保护野生植物54种和4类，国家二级保护野生植物401种和36类。其中，由林业和草原主管部门分工管理的324种和25类，由农业农村主管部门分工管理的131种和15类。

　　与1999年发布的《保护名录》相比，调整后的《保护名录》主要有三点变化：一是调整了18种野生植物的保护级别。将广西火桐、广西青梅、大别山五针松、毛枝五针松、绒毛皂荚等5种原国家二级保护野生植物调升为国家一级保护野生植物；将长白松、伯乐树、莼菜等13种原国家一级保护野生植物调降为国家二级保护野生植物。二是新增野生植物268种和32类。在《保护名录》的基础上，新增了兜兰属大部分、曲茎石斛、崖柏等21种和1类为国家一级保护野生植物；郁金香属、兰属和稻属等247种和31类为国家二级保护野生植物。三是删除了35种野生植物。因分布广、数量多、居群稳定、分类地位改变等原因，3种国家一级保护野生植物、32种国家二级保护野生植物从《保护名录》中删除。

　　《保护名录》选列物种有4条标准：一是数量极少、分布范围极窄的濒危种；二是具有重要经济、科研、文化价值的濒危种和稀有种；三是重要作物的野生种群和有遗传价值的近缘种；四是有重要经济价值。

二、1984年国家环境保护委员会公布的第一批《中国珍稀濒危保护植物名录》

《中国珍稀濒危保护植物名录》（简称《濒临名录》中公布了第一批388种受国家保护的珍稀濒危植物，约占我国珍稀濒危植物总数的1/7，包括蕨类植物13种，裸子植物71种，被子植物305种，其中被定为濒危种类的121种，稀有种类的110种，渐危种类的157种。在此基础上，8种被列为国家一级重点保护植物，分别是桫椤、银杉、水杉、秃杉、人参、望天树、珙桐、金花茶；159种被列为国家二级重点保护植物；222种被列为国家三级重点保护植物。

珍稀濒危植物包括三个类别，即濒危种类（1级）、稀有种类（2级）和渐危种类（3级）。濒危种类是指那些在其整个分布区或分布区的重要地带，处于灭绝危险中的植物。这些植物居群不多，植株稀少，地理分布有很大的局限性，仅生存在特殊的生境或有限的地方。它们濒临灭绝的原因，可能是生殖能力很弱，或是它们所要求的特殊生境被破坏或退化到不再适宜它们生长，或是由于毁灭性开发和病虫害危害等多种原因。即使致危因素已排除，并采取了保护恢复措施，这类植物数量仍然继续下降或难以恢复。如银杉、杜仲等植物。

渐危（脆弱或受威胁）种类是指那些由于人为的或自然的原因，在可以预见的将来很可能成为濒危的植物。它们的分布范围和居群、植株数量正随森林被砍伐、生境恶化或过度开发利用而日益缩减。

稀有种类是指那些并不是立即就有灭绝危险的、特有的单种属或少种属的代表植物。它们分布区有限，居群不多，植株也较稀少。或者虽有较大的分布范围，但是零星存在。只要其分布区域发生对其生长和繁殖不利的因素，就很容易造成渐危或濒危的状态，而且较难补救。高山、深谷、海岛、湖沼上的许多植物属于这一类。

需要特别指出的是，《保护名录》和《濒危名录》二者选列物种标准不同，虽然所列物种大部分一致，但又不尽相同。《濒危名录》主要是根据国际通用标准来划分类别的，即根据植物的濒危程度、分布区域和种群数量等具体情况而定；《保护名录》对植物划分保护等级首先是考虑该植物的经济、科研价值，其次才考虑其濒危程度，它是由有关行政部门组织制定，报国务院批准后公布的，并有国务院行政法规配套文件。由于两种名录选列物种的标准不同，故所列物种也有一定的差别，但都属国家森林资源的重点保护植物。此外《保护名录》的保护级别分为一级和二级，而《濒危名录》分濒危（1级）、稀有（2级）、渐危（3级）三个等级。

三、河南省重点保护植物名录

河南省政府1990年1月公布的《河南省重点保护植物名录》中所录的省级重点保护植物共计98种。由于部分种类已被以上国家级收录、部分种类被合并到其他种内，到目前仅剩本书中所列的63种。

本书对在林虑山分布的19种国家级珍稀濒危植物、14种省级重点保护野生植物和7种常见栽培的国家级重点保护植物按照蕨类植物、裸子植物、被子植物的顺序依次进行了如下描述：文字部分主要包括学名（以中国数字植物 cvh 最新公布的学名为准）、别名即中文名称（1 到多个）、科名（含中文和拉丁科名）、保护等级（《保护名录》按罗马字列出、《濒危名录》按阿拉伯数字注明）、识别特征（对该植物形态特征、分布、生境和主要用途进行了简要描述）。图片部分一般包括全株、花、果、种子及其他主要分类特征。

第二节　自然分布的珍稀濒危野生保护植物

一、国家级珍稀濒危保护植物

1 狭叶瓶尔小草

学　　名：*Ophioglossum thermale*
别　　名：一支箭
科　　名：瓶尔小草科 Ophioglossaceae
保护等级：2 级
识别特征：植株高 10 ～ 16 cm。根状茎短而直立，有一簇细长不分枝的肉质根。叶单生或 2 ～ 3 片同自根部生出。总柄长 8 ～ 13 cm，纤细。营养叶（也称不育叶）从总柄基部以上 3 ～ 6 cm 处生出，长 2 ～ 5 cm，宽 3 ～ 10 mm，倒披针形或矩圆状倒披针形，向基部为狭楔形，顶端微尖或稍钝，全缘，叶脉网状。孢子囊穗自总柄顶端生出，有 5 ～ 7 cm 长的柄，高出营养叶，穗长 2 ～ 3 cm，狭条形，顶端具小突尖。

分布与生境：产于太极山海拔 1 200 m，环境湿冷；生于草坡或林下。分布于东北、河北、陕西、湖北、江苏、台湾、江西、四川、云南，朝鲜、日本也有。全草入药，可治肿毒或作跌打药。

② 核桃楸

学　　名：*Juglans mandshurica*

别　　名：胡桃楸、山核桃

科　　名：胡桃科 Juglandaceae

保护等级：3 级

识别特征：乔木，高 20 m；髓部薄片状。单数羽状复叶长可达 80 cm；小叶 9 ～ 17，矩圆形或椭圆状矩圆形，长 6 ～ 18 cm，宽 3 ～ 7 cm，有明显细密锯齿，上面初有稀疏柔毛，后仅中脉有毛，下面有贴伏短柔毛和星状毛。花单性同株；雄葇黄花序下垂，长 9 ～ 20 cm；雌花序穗状，顶生，直立，有 4 ～ 10 雌花。果序长 10 ～ 15 cm，俯垂，通常有 5 ～ 7 果实；果实卵形或椭圆形，长 3.5 ～ 7.5 cm，直径 3 ～ 5 cm；果核球形、卵形或长椭圆形，有 8 条纵棱，各棱间有不规则皱折及凹穴，内果皮壁内有多数不规则空隙，隔膜亦有 2 空隙。

分布与生境：产于景区海拔 600 ～ 1 000 m。分布在我国东北、河北北部；朝鲜也有。喜湿润生境的阳性树种。种仁含油率可达 70%，供食用；树皮药用，清热解毒，治慢性菌痢；木材可制枪托；外果皮及树皮含单宁；内果皮可制活性炭。

3 青檀

学　　名：*Pteroceltis tatarinowii*

别　　名：翼朴

科　　名：榆科 Ulmaceae

保护等级：3 级

识别特征：落叶乔木；树皮淡灰色，裂成长片脱落。叶卵形或椭圆状卵形，长 3.5 ～ 13 cm，边缘有锐锯齿，具三出脉，侧脉在近边缘处弧曲向前，上面无毛或有短硬毛，下面脉腋常有簇生毛；叶柄长 6 ～ 15 mm，无毛。花单性，雌雄同株，生于叶腋；雄花簇生，花药先端有毛，雌花单生。翅果近方形或近圆形，翅宽，先端有凹缺，无毛，宽 1 ～ 1.5 cm；果柄长 1 ～ 2 cm。

分布与生境：产于太行屋脊较多。多生于山谷溪旁两岸或岩石附近。分布自华北至华南和贵州、四川、西藏。茎皮纤维优质，是制宣纸、人造棉原料；木材结构细，坚实耐用，供家具、车轴、器具用材。

4 领春木

学　　名：*Euptelea pleiospermum*

别　　名：子母树

科　　名：领春木科 Eupteleaceae

保护等级：3 级

识别特征：落叶灌木或小乔木；小枝无毛，紫黑色或灰色。单叶互生，纸质，卵形或椭圆形，长 5～14 cm，宽 3～9 cm，顶端渐尖，基部楔形，边缘具疏锯齿，近基部全缘，两面无毛，下面有或无乳头突起，侧脉 6～11 对。花两性，早春先叶开放，6～12 朵簇生；苞片早落；无花被；雄蕊 6～14，花药比花丝长，药隔顶端延长成附属物；心皮 6～12，离生，成 1 轮，子房歪斜，有长柄。翅果长 5～10 mm，棕色，果梗长 8～10 mm，有 1～2 粒黑色卵形种子。

生境与分布：产于桃花洞；生于海拔 1 000 m 以上的沟谷杂木林中。分布在河北、山西、河南、陕西、甘肃、浙江、湖北、四川等省。

⑤ 太行花

学　　名：*Taihangia rupestris*

科　　名：蔷薇科 Rosaceae

保护等级：2 级、二级

识别特征：多年生草本。根茎粗壮，伸入石缝中有时达地上部分 4～5 倍。基生叶为单叶，卵形或椭圆形，基部截形或圆形，稀阔楔形，边缘有粗大钝齿或波状圆齿，上面绿色，无毛，下面淡绿色，几无毛或在叶基部脉上有极稀疏柔毛；叶柄长 2.5～10 cm。花葶几无毛或有时被稀疏柔毛，高 4～15 cm，葶上无叶，仅有 1～5 枚对生或互生的苞片，苞片 3 裂，裂片带状披针形，无毛。花雄性和两性同株或异株，单生花葶顶端，稀 2 朵，花开放时直径 3～4.5 cm；萼筒陀螺形，无毛，萼片浅绿色或常带紫色，卵状椭圆形或卵状披针形，花瓣白色，倒卵状椭圆形，顶端圆钝；雄蕊多数，着生在萼筒边缘；雌蕊多数，被疏柔毛，螺旋状着生在花托上，在雄花中数目较少，不发育且无毛；花托在果时延长，达 10 mm，纤细柱状。瘦果长 3～4 mm，被疏柔毛。花果期 5～8 月。

分布与生境：四方垴太极山。产于河南太行山区。生于 1 000 m 左右的阴坡，不被阳光直接照射的地方。河北太行山区也有分布。

6 缘毛太行花

学　　名：*Taihangia rupestris* var. *cilliata*
科　　名：蔷薇科 Rosaceae
保护等级：二级、Ⅱ级
识别特征：本变种与原变种不同之处在于，叶片呈心状卵形，稀三角卵形，大多数基部呈微心形，边缘锯齿常较多而深，稀有时微浅裂，显著具缘毛，叶柄显著被疏柔毛。花期 5 ～ 6 月。
分布与生境：景区分布同太行花。分布于河南、河北太行山区。生于山崖石壁、阴坡及石灰岩峭壁石缝中，海拔 800 ～ 1 200 m。

7　杜仲

学　　名：*Eucommia ulmoides*

别　　名：棉树

科　　名：杜仲科 Eucommiaceae

保护等级：2 级

识别特征：落叶乔木，高达 20 m；树皮灰色，折断有银白色细丝。叶椭圆形或椭圆状卵形，长 6～18 cm，宽 3～7.5 cm，边缘有锯齿，下面脉上有毛；叶柄长 1～2 cm。花单性，雌雄异株，无花被，常先叶开放，生于小枝基部；雄花具短梗，长约 9 mm，雄蕊 6～10，花药条形，花丝极短；雌花具短梗，长约 8 mm，子房狭长，顶端有 2 叉状柱头，1 室，胚珠 2，翅果狭椭圆形，长约 3.5 cm。

分布与生境：产于石板岩路边。栽培或野生。分布在长江中游各省。生于山地林中土层较厚的地方。杜仲所产的硬橡胶为制海底电缆和黏着剂等的重要材料；雄蕊制茶、树皮入药，补肝肾，强筋骨，治腰膝痛、高血压等症；木材可制家具和供建筑用；种子可榨油。

8　野大豆

学　　名：*Glycine soja*
别　　名：野黄豆、乌豆、鹿藿、野毛豆等
科　　名：豆科 Leguminosae
保护等级：二级、3 级

识别特征：一年生缠绕草本，茎细瘦，
各部有黄色长硬毛。小叶 3，顶生小叶卵
状披针形，长 1～5 cm，宽 1～2.5 cm，
先端急尖，基部圆形，两面生白色短柔毛，
侧生小叶斜卵状披针形；托叶卵状披针形，
急尖，有黄色柔毛，小托叶狭披针形，有
毛。总状花序腋生；花梗密生黄色长硬毛；
萼钟状 1 萼齿，上唇 2 齿合生，披针形，
有黄色硬毛；花冠紫红色，长约 4 mm。荚
果矩形，长约 3 cm，密生黄色长硬毛；种子 2～4 粒，黑色。

　　分布与生境：河南各地均产。除新疆、青海和海南外，遍布全国。生于海拔
150～2 650 m 潮湿的田边、园边、沟旁、河岸、草甸和沿海向阳的矮灌丛或芦苇丛中。

9 南方红豆杉

学　　名： *Taxus wallichiana* var. *mairei*
别　　名： 美丽红豆杉、杉公子、赤推、榧子木、海罗松
科　　名： 红豆杉科 Taxaceae
保护等级： 一级

识别特征： 常绿乔木；小枝互生。叶螺旋状着生，排成二列，条形，微弯，近镰状，通常长 15～3 cm，宽 2.5～3.5 mm（萌生枝上的叶长达 4 cm 或更长，宽 4.5～5 mm），先端渐尖或微急尖，上面中脉隆起，下面有两条黄绿色气孔带，边缘通常不反曲，绿色边带较宽，中脉带上有排列均匀较大的乳头点，或乳头点呈块片分布，或完全无乳头点。种子倒卵形或宽卵形，微扁，先端微有二纵脊，生于红色肉质的杯状假种皮中，种脐椭圆形或近圆形。

分布与生境： 产于桃花洞，仅剩 2 株。海拔 800 m。分布于安徽、浙江、台湾、福建、江西、广东、广西、湖南、湖北、河南、陕西、甘肃、四川、贵州及云南。在多数省（区）常生于海拔 1 000～1 200 m 以下的地方。种子可榨油；树皮含单宁；木材可作农具等用。

10 乌苏里狐尾藻

学　　名：*Myriophyllum propinquum*

别　　名：乌苏里金鱼藻

科　　名：小二仙草科 Haloragidaceae

保护等级：二级

识别特征 多年生水生草本，根状茎发达，生于水底泥中，节部生多数须根。茎圆柱形，常单一不分枝，长 6～25 cm。水中茎中下部叶 4 片轮生，有时 3 片轮生，广披针形、长 5～10 mm，羽状深裂，裂片短，对生，线形，全缘；茎上部水面叶仅具 1～2 片，极小，细线状；叶柄缺；苞片小，全缘，较花为短；茎叶中均具簇晶体。花单生于叶腋，雌雄异株，无花梗。雄花：萼钟状；花瓣 4，倒卵状长圆形，长约 2.5 mm；雄蕊 8 或 6，花丝丝状，花药椭圆形、淡黄色。雌花：萼壶状，与子房合生，具极小的裂片；花瓣早落；子房下位，4 室，四棱形；柱头 4 裂，羽毛状。果圆卵形，长约 1 mm，有 4 条浅沟，表面具细疣，心皮之间的沟槽明显。

分布与生境：分水岭。产于黑龙江、吉林、河北、安徽、江苏、浙江、台湾、广东、广西等省（区）。生于小池塘或沼泽水中。

⑪ 软枣猕猴桃

学　　名： *Actinidia arguta*

别　　名： 软枣子

科　　名： 猕猴桃科 Actinidiaceae

保护等级： 二级

识别特征： 藤本，长可达 30 m 以上；嫩枝有时有灰白色疏柔毛，老枝光滑；髓褐色，片状。叶片膜质到纸质，卵圆形、椭圆状卵形或矩圆形，长 6 ～ 13 cm，宽 5 ～ 9 cm，顶端突尖或短尾尖，基部圆形或心形，少有近楔形，边缘有锐锯齿，下面在脉腋有淡棕色或灰白色柔毛，其余无毛。腋生聚伞花序有花 3 ～ 6 朵；花白色，直径 1.2 ～ 2 cm，花被 5 数，萼片仅边缘有毛，花柄无毛；雄蕊多数；花柱丝状，多数。浆果球形到矩圆形，光滑。

分布与生境： 产于千瀑沟和太极山，海拔 600 ～ 800 m。分布于东北、西北及长江流域、山东，朝鲜、日本也有。生于山坡灌丛或林内，海拔达 1 900 m。果有强壮、解热、收敛之药效。

12 绶草

学　　名：*Spiranthes sinensis*

别　　名：盘龙参、红龙盘柱、一线香

科　　名：兰科 Orchidaceae

保护等级：二级

识别特征：植株高 13 ～ 30 cm。根肉质，簇生于茎基部。茎较短，近基部生 2 ～ 5 枚叶。叶片宽线形或宽线状披针形，极罕为狭长圆形，直立伸展，长 3 ～ 10 cm，宽 5 ～ 10 mm，先端急尖或渐尖，基部收狭具柄状抱茎的鞘。花茎直立，长 10 ～ 25 cm，上部被腺状柔毛至无毛；总状花序具多数密生的花，长 4 ～ 10 cm，呈螺旋状扭转；花苞片卵状披针形，先端长渐尖，下部的长于子房；子房纺锤形，扭转，被腺状柔毛，连花梗长 4 ～ 5 mm；花小，紫红色、粉红色或白色，在花序轴上呈螺旋状排生；萼片的下部靠合；侧萼片偏斜，披针形，长 5 mm，宽约 2 mm，先端稍尖；花瓣斜菱状长圆形，先端钝，与中萼片等长但较薄；唇瓣宽长圆形，凹陷，长 4 mm，宽 2.5 mm，先端极钝。花期 7—8 月。

分布与生境：贤麻沟。产于全国各省（区）。生于海拔 200 ～ 3 400 m 的山坡林下、灌丛下、草地或河滩沼泽草甸中。

13 角盘兰

学　　名： *Herminium monorchis*

科　　名： 兰科 Orchidaceae

保护等级： 二级

形态特征： 植株高 5.5 ～ 35 cm。块茎球形，直径 6 ～ 10 mm，肉质。茎直立，无毛，基部具 2 枚筒状鞘，下部具 2 ～ 3 枚叶，在叶之上具 1 ～ 2 枚苞片状小叶。叶片狭椭圆状披针形或狭椭圆形，直立伸展，长 2.8 ～ 10 cm，宽 8 ～ 25 mm，先端急尖，基部渐狭并略抱茎。总状花序具多数花，圆柱状，长达 15 cm；花苞片线状披针形，先端长渐尖，尾状，直立伸展；花小，黄绿色，垂头；花瓣近菱形，上部肉质增厚，较萼片稍长，向先端渐狭，或在中部多少 3 裂，中裂片线形，先端钝，具 1 脉；唇瓣与花瓣等长，肉质增厚，基部凹陷呈浅囊状，近中部 3 裂，中裂片线形，长 1.5 mm，侧裂片三角形，较中裂片短很多；蕊柱粗短，长不及 1 mm；药室并行；花期 6—7（—8）月。

分布与生境： 四方垴。生于海拔 600 ～ 4 500 m 的山坡阔叶林至针叶林下、灌丛下、山坡草地或河滩沼泽草地中。

14 二叶兜被兰

学　　名：*Ponerorchis cucullata* var. *cucullata*
科　　名：兰科 Orchidaceae
保护等级：一级
形态特征：植株高 4～24 cm。块茎圆球形或卵形，长 1～2 cm。茎直立或近直立，基部具 1～2 枚圆筒状鞘，其上具 2 枚近对生的叶，在叶之上常具 1～4 枚小的披针形、渐尖的不育苞片。叶近平展或直立伸展，叶片卵形、卵状披针形或椭圆形，长 4～6 cm，宽 1.5～3.5 cm，先端急尖或渐尖，基部骤狭成抱茎的短鞘，叶上面有时具少数或多而密的紫红色斑点。总状花序具几朵至 10 余朵花，常偏向一侧；花苞片披针形，直立伸展，先端渐尖，最下面的长于子房或长于花；花紫红色或粉红色；萼片彼此紧密靠合成兜，兜长 5～7 mm，宽 3～4 mm；花瓣披针状线形，长约 5 mm，宽约 0.5 mm，先端急尖，具 1 脉，与萼片贴生。花期 8—9 月。

分布与生境：贤麻沟。生于海拔 400～4 100 m 的山坡林下或草地。

⑮ 大花杓兰

学　　名： *Cypripedium macranthum*

别　　名： 大口袋花

科　　名： 兰科 Orchidaceae

保护等级： 二级

识别特征： 陆生兰，高 25～50 cm。被短柔毛或几乎无毛，具 3～4 枚叶。叶互生，椭圆形或卵状椭圆形，长达 15 cm，宽达 8 cm，边缘具细缘毛。花苞片叶状，椭圆形，边缘具细缘毛。花单生，少为 2 朵，紫红色，极少为白色；中萼片宽卵形，长 4～5 cm；合萼片卵形，较中萼片短而狭，急尖具 2 齿；花瓣披针形，较中萼片长，内面基部具长柔毛；唇瓣几乎与花瓣等长，紫红色，囊内底部与基部具长柔毛，口部的前面内弯，边缘宽 2～3 mm；退化雄蕊近卵状箭形，色浅，子房无毛。

分布与生境： 产于太行山的林州、济源；生于海拔 1 300 m 以上的林下阴湿地方。

16 毛杓兰

学　　名：*Cypripedium franchetii*
科　　名：兰科 Orchidaceae
保护等级：二级

识别特征：陆生兰，高 20 ～ 35 cm。茎直立，密被长柔毛，上部尤密。叶 3 ～ 4 枚，互生，菱状椭圆形或近宽椭圆形，长达 16 cm，宽 4 ～ 6.5 cm，急尖或短渐尖，边缘具细缘毛；花苞片叶状，椭圆披针形，具细缘毛；花单生，褐色而具紫色条纹；中萼片近卵形，长 4 ～ 5.5 cm，宽 2.5 ～ 3 cm，渐尖，背面主脉上被短柔毛，边缘具细缘毛，合萼片椭圆形，稍短，宽只为其2/3，顶端2齿，亦具类似的短柔毛及细缘毛；花瓣披针形，长 5 ～ 6 cm，宽 1 ～ 1.5 cm，内面基部具长柔毛；唇瓣口径与花瓣长度相等，具明显紫斑点，

口部前面内弯边缘甚宽，达 5 mm，内折侧裂片呈三角状，囊底具长柔毛；退化雄蕊箭形或近卵形，长 1 ～ 1.5 cm，基部具柄及耳；子房被毛。

分布与生境：产于太行山、伏牛山；生于海拔 1 500 m 以上的林下或山坡草地。

17 火烧兰

学　　名：*Epipactis helleborine*

别　　名：台湾铃兰、小花火烧兰、台湾火烧兰

科　　名：兰科 Orchidaceae

保护级别：二级

识别特征：地生草本，高 20 ～ 70 cm；根状茎粗短。茎上部被短柔毛，下部无毛，具 2 ～ 3 枚鳞片状鞘。叶 4 ～ 7 枚，互生；叶片卵圆形、卵形至椭圆状披针形，罕有披针形，长 3 ～ 13 cm，宽 1 ～ 6 cm，先端通常渐尖至长渐尖；向上叶逐渐变窄而呈披针形或线状披针形。总状花序长 10 ～ 30 cm，通常具 3 ～ 40 朵花；花苞片叶状，线状披针形，下部的长于花 2 ～ 3 倍或更多，向上逐渐变短；花梗和子房长 1 ～ 1.5 cm，具黄褐色茸毛；花绿色或淡紫色，下垂，较小；花瓣椭圆形，长 6 ～ 8 mm，宽 3 ～ 4 mm，先端急尖或钝；蕊柱长 2 ～ 5 mm（不包括花药）。蒴果倒卵状椭圆状，长约 1 cm，具极疏的短柔毛。花期 7 月，果期 9 月。

分布与生境：贤麻沟。生于海拔 250 ～ 3 600 m 的山坡林下、草丛或沟边。

18 崖柏

学　　名：*Thuja sutchuenensis* Franch.

别　　名：四川侧柏

科　　名：柏科 Cupressaceae

保护等级：一级、2 级

识别特征：灌木或乔木；枝条密，开展，生鳞叶的小枝扁。叶鳞形，生于小枝中央之叶斜方状倒卵形，有隆起的纵脊，有的纵脊有条形凹槽，长 1.5～3 mm，宽 1.2～1.5 mm，先端钝，下方无腺点，侧面之叶船形，宽披针形，较中央之叶稍短，宽 0.8～1 mm，先端钝，尖头内弯，两面均为绿色，无白粉。雄球花近椭圆形，长约 2.5 mm，雄蕊约 8 对，交叉对生，药隔宽卵形，先端钝。幼小球果长约 5.5 mm，椭圆形，种鳞 8 片，交叉对生，最外面的种鳞倒卵状椭圆形，顶部下方有一鳞状尖头。未见成熟球果。

分布与生境：石板岩。崖柏生于石灰岩山地。

19　荞麦叶大百合

学　　　名：*Cardiocrinum cathayanum*
科　　　名：百合科 Liliaceae
保护等级：二级
识别特征：小鳞茎高 2.5 cm，直径 1.2 ～ 1.5 cm。茎高 50 ～ 150 cm，直径 1 ～ 2 cm。除基生叶外，约离茎基部 25 cm 处开始有茎生叶，最下面的几枚常聚集在一处，其余散生；叶纸质，卵状心形或卵形，先端急尖，基部近心形，长 10 ～ 22 cm，宽 6 ～ 16 cm，上面深绿色，下面淡绿色；叶柄长 6 ～ 20 cm，基部扩大。总状花序有花 3 ～ 5 朵；花梗短而粗，向上斜伸，每花具一枚苞片；苞片矩圆形，长 4 ～ 5.5 cm，宽 1.5 ～ 1.8 cm；花狭喇叭形，乳白色或淡绿色，内具紫色条纹；花被片条状倒披针形，长 13 ～ 15 cm，宽 1.5 ～ 2 cm，外轮的先端急尖，内轮的先端稍钝；花丝长 8 ～ 10 cm，长为花被片的 2/3，花药长 8 ～ 9 mm；子房圆柱形，长 3 ～ 3.5 cm，宽 5 ～ 7 mm；花柱

长 6 ～ 6.5 cm，柱头膨大，微 3 裂。蒴果近球形，长 4 ～ 5 cm，宽 3 ～ 3.5 cm，红棕色。种子扁平，红棕色，周围有膜质翅。花期 7—8 月，果期 8—9 月。

分布与生境：王相岩、水段。生于山坡林下阴湿处，海拔 600 ～ 1 050 m。

二、省级珍稀濒危保护植物

1 团羽铁线蕨

学　　名：*Adiantum capillus-junonis*
别　　名：团叶铁线蕨、翅柄铁线蕨
科　　名：铁线蕨科 Adiantaceae
保护等级：省级
识别特征：植株高 10 ～ 20 cm。根状茎直立，顶部有褐色披针形鳞片。叶簇生，近膜质，无毛；叶柄纤细，亮栗色，基部有鳞片；叶片披针形，长 8 ～ 15 cm，宽 2.5 ～ 3.5 cm，一回羽状，叶轴顶部常延伸成鞭状，顶端着地生根；羽片团扇形，基部有关节和柄相连，外缘 2 ～ 5 浅裂；裂片顶部生孢子囊群，边缘全缘，但不育部分的边缘有浅波状钝齿。叶脉扇形分叉，小脉直达叶边。孢子囊生裂片边缘的小脉顶部；囊群盖条状矩圆形或近肾形。

分布与生境：天平山。产于河南太行山区和伏牛山区。成群生于潮湿石灰岩脚或墙缝中，海拔 300 ～ 2 500 m。全草煎服治痢疾、颈淋巴结核，外敷治毒蛇咬伤。

② 东北蛾眉蕨

学　　名：*Lunathyrium pycnosorum*

别　　名：蛾眉蕨、蛾眉蕨贯众

科　　名：蹄盖蕨科 Athyriaceae

保护等级：省级

识别特征：根状茎短而直立；顶端有阔披针形鳞片。叶簇生；叶柄长 15～20 cm，禾秆色；叶片草质，长约 60 cm，宽约 20 cm，渐尖头，沿叶轴、羽轴和主脉有少数棕色多细胞的短毛，二回深羽裂；下部 3～4 对羽片略缩短，中部羽片长 12～14 cm，宽 1.5～1.8 cm，羽裂几达羽轴；裂片宽 3～4 mm，边缘有浅圆齿，有单一的侧脉 5～7 对。孢子囊群狭矩圆形，囊群盖新月形，质厚，全缘。

分布与生境：太行平湖。分布于东北、华北、西北、西南及河南等地。生于海拔 1 400～2 500 m 的林下山谷或灌木丛中。根状茎在华北充当"贯众"入药。

3 过山蕨

学　　名：*Camptosorus sibiricus*

别　　名：马灯草

科　　名：铁角蕨科 Aspleniaceae

保护等级：省级

识别特征：小型植物，高不过 20 cm。根状茎短而直立，顶部密生狭披针形黑褐色小鳞片。叶簇生，近二型，草质，两面无毛；不育叶较短，长约 5 cm；叶片披针形或矩圆形，长 1 ～ 2 cm，宽 5 ～ 8 mm，钝头或渐尖头，基部阔楔形，略下延于叶柄；能育叶的柄长 1 ～ 5 cm；叶片披针形，长 10 ～ 15 cm，宽 5 ～ 8 mm，顶部渐尖，并延伸成鞭状，能着地生根，产生新株，基部楔形下延。叶脉网状，无内藏小脉，网眼外的小脉分离，不达叶边。孢子囊群生网脉的一侧或相对的两侧；囊群盖短条形或矩圆形，膜质，全缘，向网眼内开。

分布与生境：太极冰山、王相岩、青年洞。河南太行山区、伏牛山、大别山和桐柏山。分布于东北、内蒙古、河北、山西、陕西、山东和江苏北部；朝鲜、日本、俄罗斯亚洲部分也有。生于石岩脚下，海拔 200 ～ 2 000 m。

4 荚果蕨

学　名： *Matteuccia struthiopteris*

别　名： 野鸡膀子

科　名： 球子蕨科 Onocleaceae

保护等级： 省级

识别特征： 植株高达 90 cm。根状茎直立，连同叶柄基部有密披针形鳞片。叶簇生，二型，有柄；不育叶片矩圆倒披针形，长 45～90 cm，宽 14～25 cm，叶轴和羽轴偶有棕色柔毛，二回深羽裂，下部十多对羽片向下逐渐缩短成小耳形，中部羽片宽 1.2～2 cm；裂片边缘浅波状或顶端具圆齿。侧脉单一。能育叶较短，挺立，有粗硬而较长的柄，一回羽状，纸质，羽片向下反卷成有节的荚果状，包被囊群。孢子囊群圆形，生于侧脉分枝的中部，成熟时汇合成条形；囊群盖膜质，白色，成熟时破裂消失。

生境与分布： 产于河南太行山区和伏牛山区。分布于东北、华北、陕西、四川、西藏；亚洲温带其他地区，北欧也有。生于高山林下，海拔 900～3 200 m。

5 白皮松

学　　名： *Pinus bungeana*

别　　名： 白骨松、三叶松、三针松、白果松、虎皮松、蟠龙松

科　　名： 松科 Pinaceae

保护等级： 省级

识别特征： 常绿乔木；树皮灰绿色或灰褐色，内皮白色，裂成不规则薄片脱落；一年生枝灰绿色，无毛；冬芽红褐色，无树脂。针叶3针一束，粗硬，长5～10 cm，宽1.5～2 mm，叶的背面与腹面两侧均有气孔线；树脂管4～7个，通常边生或兼有边生与中生；叶鞘早落。球果常单生，卵圆形，长5～7 cm，成熟后淡黄褐色；种鳞先端厚，鳞盾多为菱形，有横脊；鳞脐生于鳞盾的中央，具刺尖；种子倒卵圆形，长约1 cm，种翅长5 mm，有关节，易脱落。

分布与生境： 产于河南伏牛山、太行山区；生于山坡、栎林中间。分布于山西、河南、陕西、甘肃、四川北部和湖北西部。

6 大果榉

学　　名：*Zelkova sinica*

别　　名：小叶榉、鬼狼树、榔榆

科　　名：榆科 Ulmaceae

保护等级：省级

识别特征：乔木；小枝通常无毛，具散生皮孔。叶卵形或卵状矩圆形，长2～7 cm，侧脉7～10对，边具钝尖单锯齿，下面脉腋有毛；叶柄长2～4 mm，被密柔毛。坚果较大，单生叶腋，几无柄，斜三角状，直径5～7 mm，无毛，无突起的网肋。

分布与生境：水段、天路。产于河南太行山、大别山、伏牛山和桐柏山区；生于山坡、丘陵。分布在山西、河南、陕西、甘肃、湖北、四川、贵州、江苏和浙江等地。

7 大果榆

学　　名：*Ulmus macrocarpa*（*Ulmus taihangshanensis* 太行榆为异名）

别　　名：太行榆、山榆

科　　名：榆科 Ulmaceae

保护等级：省级

识别特征：落叶乔木，高达 20 m。树皮幼时平滑，老则纵裂。一年生小树灰色或淡灰褐色，有短柔毛，圆形，无木栓质翅；冬芽褐色，微被毛。叶纸质，长圆状椭圆形或卵状椭圆形，长 5～12 cm，宽 3～5.5 cm，先端长尖，基部偏斜，侧脉 11～18 对，表面具粗糙短毛，背面沿脉有白色短毛，边缘有重锯齿；叶柄长约 2.5 mm，密生白色短毛及蜡质白粉。花先叶开放，6～9 朵簇生于去年生枝叶腋；萼 4 裂，外面密被短腺毛，裂片顶端具黑色或深棕色长毛；雄蕊 3～6 个，伸出萼外，花丝长 3.5～4.5 mm，无毛，花药背面淡紫色，腹面黄绿色；子房绿色，花柱 2 个，有白色短毛。翅果长圆形，长 2.7～3.1 cm，宽 1.8～2.7 cm，先端凹缺，黄白色，膜质，沿脉疏生柔毛，边缘毛较密；种子位于中部。花期 3 月下旬至 4 月上旬，果熟期 4 月下旬至 5 月上旬。

　　分布与生境：车佛沟。产于河南太行山。生于海拔 1 500 m 的山沟或山坡杂木林中。

8 脱皮榆

学　　名：*Ulmus lamellosa*
别　　名：沙包榆
科　　名：榆科 Ulmaceae
形态特征：落叶小乔木，高8～12 m，胸径15～20 cm；树皮灰色或灰白色，不断地裂成不规则薄片脱落，内（新）皮初为淡黄绿色，后变为灰白色或灰色，不久又挠裂脱落。冬芽卵圆形或近圆形，芽鳞背面多少被毛，稀外层芽鳞近无毛，边缘有毛。叶倒卵形，长5～10 cm，宽2.5～5.5 cm，先端尾尖或骤凸，基部楔形或圆，稍偏斜，叶面粗糙，密生硬毛或有毛迹，边

缘兼有单锯齿与重锯齿，叶柄长3～8 mm，幼时上面密生短毛。花常自混合芽抽出，春季与叶同时开放。翅果常散生于新枝的近基部，稀2～4个簇生于去年生枝上，圆形至近圆形，两面及边缘有密毛，长2.5～3.5 cm，宽2～2.7 cm，顶端凹，缺裂先端内曲，柱头喙状，柱头面密生短毛，基部近对称或微偏斜，子房柄较短，果核位于翅果的中部；被短毛，花被片6，边缘有长毛；果梗长3～4 mm，密生伸展的腺状毛与柔毛。

分布与生境：太行屋脊、太极冰山。

9 河南海棠

学　　名：*Malus honanensis*
别　　名：大叶毛楂
科　　名：蔷薇科 Rosaceae
保护等级：省级

识别特征：灌木或小乔木，高达 5 ～ 7 m；小枝细弱，老枝红褐色，无毛。叶片宽卵形至长椭圆卵形，长 4 ～ 7 cm，宽 3.5 ～ 6 cm，先端急尖，基部圆形、心形或截形，边缘有尖锐重锯齿，两侧有 3 ～ 6 浅裂，下面疏生短柔毛；叶柄长 1.5 ～ 2.5 cm，疏生柔毛。伞形总状花序有花 5 ～ 10 朵；花梗长 1.5 ～ 3 cm，幼时有毛，后脱落；花粉红色，直径约 1.5 cm；萼筒有稀疏柔毛；裂片三角状卵形，比萼筒短；花瓣卵形；雄蕊约 20；花柱 3 ～ 4，基部合生，无毛。梨果近球形，直径约 8 mm，黄红色，萼裂片宿存。

分布与生境：冰冰背。产于河南太行山和伏牛山区；生于山坡或山谷杂木林中。分布在河南、河北、山西、陕西、甘肃等地。果实可酿酒、制醋，也可作庭院观赏树种。

⑩ 玉铃花

学　　名：*Styrax obassis*

别　　名：灰驴腿

科　　名：安息香科 Styracaceae

保护等级：省级

识别特征：灌木或小乔木，高 4 ~ 10 m；树皮灰褐色。叶两型，小枝下部的叶较小而近对生，上部的叶互生，椭圆形至宽倒卵形，长 10 ~ 14 cm，宽 8 ~ 10 cm，叶柄基部膨大成鞘状而包着冬芽，下面生灰白色星状茸毛。花白色或略带粉色，长约 2 cm，单生上部叶腋和 10 余朵成顶生总状花序，花序长约 10 cm；花冠裂片 5，长约 16 mm，在花蕾中作覆瓦状排列。果卵形至球状卵形，长 14 ~ 18 mm，顶具凸尖；种子表面近平滑。

分布与生境：高家台、王相岩；生于海拔 1 000 m 以上的杂木林中。分布于辽宁（东南部）、山东、浙江、安徽（南部）及江西、湖北交界之幕阜山；朝鲜、日本也有分布。

11 独根草

学　　名：*Oresitrophe rupifraga*
别　　名：岩花、小岩花、山苞草
科　　名：虎耳草科 Saxifragaceae
保护等级：省级

识别特征：多年生草本，高 9 ～ 28 cm，有粗根状茎。叶 2 ～ 3 片，均基生；叶片卵形至心形，长 5.5 ～ 10（～ 17）cm，宽 3.5 ～ 12（～ 21）cm，先端急尖或短渐尖，基部心形，边缘有不整齐的牙齿，锯齿具骤尖头，上面几无毛，下面几无毛或有短柔毛，后变无毛；叶柄长 2.5 ～ 12 cm。花葶有短腺毛；复聚伞花序圆锥状，密生短腺毛，无苞片；花梗长 3 ～ 6 mm；花萼花瓣状，粉红色，长 4 ～ 6.5 mm，裂片 5，狭卵形，长 3 ～ 5 mm；无花瓣；雄蕊 10（或 14），长达 3 mm，花药近球形，紫色；心皮 2，合生，近上位，侧膜胎座，胚珠多数。蒴果长达 5 毫米。

分布与生境：产于景区海拔 800 ～ 1 200 m 石壁。分布于山西东部、河北和辽宁等地。生于山谷崖石缝中。

12　木通马兜铃

学　　名： *Aristolochia manshuriensis*

别　　名： 关木通、东北木通、马木通、木通

科　　名： 马兜铃科 Aristolochiaceae

保护等级： 省级

识别特征： 木质藤本；嫩枝深紫色，密生白色长柔毛；茎皮灰色，老茎基部直径 2 ～ 8 cm，具纵皱纹或老茎具增厚又呈长条状纵裂的木栓层。叶革质，心形或卵状心形，长 15 ～ 29 cm，宽 13 ～ 28 cm，顶端钝圆或短尖，基部心形至深心形，边全缘，嫩叶两面疏生白色长柔毛；基出脉 5 ～ 7 条。花单朵，稀 2 朵聚生于叶腋；花梗长 1.5 ～ 3 cm，中部具小苞片；小苞片卵状心形或心形，长约 1 cm，绿色，近无柄；花被管中部马蹄形弯曲，下部管状；喉部圆形并具领状环；花药长圆形，成对贴生于合蕊柱基部，并与其裂片对生；子房圆柱形，具 6 棱，顶端 3 裂。蒴果长圆柱形，暗褐色，成熟时 6 瓣开裂。花期 6—7 月，果期 8—9 月。

分布与生境： 仙台山、太极冰山、冰冰背。河南产于太行山区。分布于吉林、甘肃、河南、辽宁、山西等省。生于海拔 100 ～ 2 200 m 阴湿的阔叶和针叶混交林中。

⑬ 铁筷子

学　　名：*Helleborus thibetanus*

别　　名：黑毛七、九百棒、见春花、九龙丹、九朵云、小桃儿七

科　　名：毛茛科 Ranunculaceae

保护等级：省级

识别特征：草本，无毛。根状茎直径约 6 mm。茎高 30～50 cm，上部分枝，基部生 2～3 片鞘状叶。下部茎生叶 1～2，具长柄；叶片肾形，长 7.5～16 cm，宽 14～24 cm，鸡脚状 3 全裂，中央裂片倒披针形，边缘有锯齿，侧生裂片不等地 3 全裂。花单生或 2 朵排成单歧聚伞花序；萼片 5，粉红色，椭圆形或狭椭圆形，长 1.6～2.3 cm，宽 1～1.6 cm，果期宿存，稍增大；花瓣 8～10，圆筒状漏斗形，长 5～6 mm；雄蕊多数，长 7～10 mm；心皮 2～3。蓇葖果扁，长 1.6～3.6 cm。

分布与生境：产于河南伏牛山和太行山区。分布在四川西部（宝兴以北）、甘肃南部和陕西南部。生于海拔 1 100～3 700 m 的山地疏林中或灌丛中。根状茎供药用，治跌打损伤、膀胱炎等症。

14 太行菊

学　　名：*Opisthopappus taihangensis*
科　　名：菊科 Compositae
保护等级：省级
识别特征：多年生草本，高 10 ～ 15 cm；根垂直直伸，在根头顶端发出少数（1 ～ 2 个）或稍多数的弧形弯曲斜升的茎。茎淡紫红色或褐色，被稠密或稀疏的贴伏的短柔毛。基生叶卵形、宽卵形或椭圆形，长 2.5 ～ 3.5 cm，规则二回羽状分裂，一、二回全部全裂。一回侧裂片 2 ～ 3 对。茎叶与基生叶同形并等样分裂，但最上部的叶常羽裂。全部叶末回裂片披针形、长椭圆形或斜三角形，宽 1 ～ 2 mm。全部叶两面被稀疏或稍多的短柔毛，基生叶的叶柄长 1 ～ 3 cm。头状花序单生枝端，或枝生 2 个头状花序。总苞浅盘状，直径约 1.5 cm。总苞片约 4 层。舌状花粉红色或白色，舌状线形，长约 2 cm，顶端 3 浅裂齿。管状花黄色，花冠长 2.8 mm，顶端 5 齿裂。瘦果长 1.2 mm，有 3 ～ 5 条翅状加厚的纵肋。冠毛芒片状，4 ～ 6 个，全部芒片集中在瘦果背面顶端，而瘦果腹面裸露，无芒片。花果期 6—9 月。

分布与生境：太行山区特有种。生于石壁岩缝中。

第三节　常见栽培的珍稀濒危保护植物

1 银杏

学　　名： *Ginkgo biloba*

别　　名： 白果树、公孙树

科　　名： 银杏科 Ginkgoaceae

保护等级： 2 级、一级

识别特征： 落叶乔木；枝有长枝与短枝。叶在长枝上螺旋状散生，在短枝上簇生状，叶片扇形，有长柄，有多数 2 叉状并列的细脉；上缘宽 5 ～ 8 cm，浅波状，有时中央浅裂或深裂。雌雄异株，稀同株；球花生于短枝叶腋或苞腋；雄球花成荑黄花序状，雄蕊多数，各有 2 花药；雌球花有长梗，梗端 2 叉（稀不分叉或 3 ～ 5 叉），叉端生 1 珠座，每珠座生 1 胚珠，仅 1 个发育成种子。种子核果状，椭圆形至近球形，长 2.5 ～ 3.5 cm；外种皮肉质，有白粉，熟时淡黄色或橙黄色；中种皮骨质，白色，具 2 ～ 3 棱；内种皮膜质；胚乳丰富。

分布与生境： 我国特产，现广泛栽培。景区内黄华觉仁寺、福兴寺有古树。木材优良，供雕刻、图版、建筑等用；种仁可食，入药有润肺止咳、强壮等效，叶供药用。

② 胡桃

学　　名：*Juglans regia*

别　　名：核桃

科　　名：胡桃科 Juglandaceae

保护等级：2 级

形态特征：乔木，高达 20 ～ 25 m。奇数羽状复叶长 25 ～ 30 cm，叶柄及叶轴幼时被有极短腺毛及腺体；小叶通常 5 ～ 9 枚，基部歪斜、近于圆形，边缘全缘或在幼树上者具稀疏细锯齿，侧生小叶具极短的小叶柄或近无柄。雄性葇荑花序下垂，长 5 ～ 10 cm、稀达 15 cm。雄花的苞片、小苞片及花被片均被腺毛；雄蕊 6 ～ 30 枚，花药黄色，无毛。雌性穗状花序通常具 1 ～ 3（～ 4）雌花。雌花的总苞被极短腺毛，柱头浅绿色。果序短，具 1 ～ 3 果实；果实近于球状，直径 4 ～ 6 cm，无毛；果核稍具皱曲，有 2 条纵棱，顶端具短尖头。花期 5 月，果期 10 月。

3 玫瑰

学　　名：*Rosa rugosa*
别　　名：玫瑰花
科　　名：蔷薇科 Rosacea
保护等级：二级，3 级
识别特征：直立灌木，高约 2 m；枝干粗壮，有皮刺和刺毛，小枝密生茸毛。羽状复叶；小叶 5～9 枚，椭圆形或椭圆状倒卵形，长 2～5 cm，宽 1～2 cm，边缘有钝锯齿，质厚，上面光亮，多皱，无毛，下面苍白色，有柔毛及腺体；叶柄和叶轴有茸毛及疏生小皮刺和刺毛；托叶大部附着于叶柄上。花单生或 3～6 朵聚生；花梗有茸毛和腺；花紫红色至白色，芳香，直径 6～8 cm。蔷薇果扁球形，直径 2～2.5 cm，红色，平滑，具宿存萼裂片。

　　分布与生境：原产我国北部，成片生于海拔 100 m 以下海边沙地及滨海山麓。现各地均有栽培。花作香料和提取芳香油，用于食品香精等；种子含油约 14%；花及根入药，有理气活血、收敛的作用。

4　飞蛾槭

学　　名：*Acer oblongum*

别　　名：飞蛾树

科　　名：槭树科 Aceraceae

保护等级：省级

识别特征：常绿（或半常绿）乔木，高 10～20 m；当年生枝紫色或淡紫色，有柔毛或无毛，老枝褐色，无毛。叶革质，矩圆形或卵形，长 8～11 cm，宽 3～4 cm，全缘，顶端尖或具短尾尖，基部近圆形，上面绿色，有光泽，下面有白粉或灰绿色，基部 1 对侧脉较长，达于叶片中部。伞房花序顶生，有短柔毛；花绿色或黄绿色，杂性；萼片 5，矩圆形；花瓣 5，倒卵形；雄蕊 8，生

花盘内侧，花盘微裂；两性花的子房有短柔毛，柱头 2 裂，反卷。翅果长 2.5 cm，幼时紫色，成熟后黄褐色，小坚果凸出，翅张开近直角。

分布与生境：生于海拔 600～1 500 m 的山坡林中。分布于陕西、湖北、湖南、贵州、四川、云南，老挝、泰国、缅甸、印度、尼泊尔等国也有分布。

5 中华猕猴桃

学　　名：*Actinidia chinensis*

别　　名：阳桃、羊桃、羊桃藤、藤梨、猕猴桃

科　　名：猕猴桃科 Actinidiaceae

保护等级：二级

识别特征：藤本；幼枝及叶柄密生灰棕色柔毛，老枝无毛；髓大，白色，片状。叶片纸质，圆形，卵圆形或倒卵形，长 5 ～ 17 cm。花开时白色，后变黄色；花被 5 数，萼片及花柄有淡棕色茸毛；雄蕊多数；花柱丝状，多数。浆果卵圆形或矩圆形，密生棕色长毛，8—10 月成熟。

分布与生境：石板岩郭家庄栽培。分布于陕西（南端）、湖北、湖南、河南、安徽、江苏、浙江、江西、福建、广东（北部）和广西（北部）等省（区）。

6 日本七叶树

学　　名：*Aesculus turbinata*（*Aesculus chinensis* 七叶树为异名）

别　　名：七叶树、桫椤树、梭罗子

科　　名：七叶树科 Hippocastanaceae

保护等级：省级

识别特征：落叶乔木，高达 25 m。掌状复叶对生；叶柄长 6～10 cm；小叶 5～7，纸质，长倒披针形或矩圆形，长 9～16 cm，宽 3～5.5 cm，边缘具钝尖的细锯齿，背面仅基部幼时有疏柔毛，侧脉 13～17 对；小叶柄长 5～10 mm。圆锥花序，连总花梗长 25 cm，有微柔毛；花杂性，白色；花萼 5 裂；花瓣 4，不等大，长 8～10 mm；雄蕊 6。蒴果球形，顶端扁平略凹下，直径 3～4 cm，密生疣点，果壳干后厚 5～6 mm；种子近球形，种脐淡白色。

分布与生境：产于河南太行山区；多生于山沟、村旁。分布于陕西、河北等省。可作行道树；木材可制家具；种子入药，有理气宽中之效；种子油供制肥皂。

7 莲

学　　名： *Nelumbo nucifera* Gaertn.
别　　名： 荷花、菡萏、芙蓉、芙蕖、莲花、碗莲、缸莲
科　　名： 睡莲科 Nymphaeaceae
保护等级： 二级

识别特征： 多年生水生草本；根状茎横生，肥厚，节间膨大，内有多数纵行通气孔道，节部缢缩，上生黑色鳞叶，下生须状不定根。叶圆形，盾状，直径25～90 cm，全缘稍呈波状，上面光滑，具白粉，下面叶脉从中央射出，有1～2次叉状分枝；叶柄粗壮，圆柱形，长1～2 m，中空，外面散生小刺。花梗和叶柄等长或稍长，也散生小刺；花直径10～20 cm，美丽，芳香；花瓣红色、粉红色或白色，矩圆状椭圆形至倒卵形，长5～10 cm，宽3～5 cm，由外向内渐小，有时变成雄蕊，先端圆钝或微尖；花药条形，花丝细长，着生在花托之下；花柱极短，柱头顶生；花托（莲房）直径5～10 cm。坚果椭圆形或卵形，长1.8～2.5 cm，果皮革质，坚硬，熟时黑褐色；种子（莲子）卵形或椭圆形，长1.2～1.7 cm，种皮红色或白色。花期6—8月，果期8—10月。

分布与生境： 分水岭。产于我国南北各省。自生或栽培在池塘或水田内。

第四章 林虑山古树名木

第一节 概 述

一、古树名木的概念及林虑山古树名木概况

古树名木是在人类历史过程中保存下来的年代久远的，具有重要科研、历史、文化价值的树木。古树名木是绿色文物活的化石，是大自然赐予人类极其宝贵的财富，是极其珍贵的自然遗产。

全国绿化委员会和国家林业局 2001 年颁布的《全国古树名木普查建档技术规定》对古树名木做了以下界定。

古树名木范畴：一般指在人类历史过程中保存下来的年代久远或具有重要科研、历史文化价值的树木。古树指树龄在 100 年以上的树木；名木指在历史上或社会上有重大影响的中外历代名人、领袖人物所植或具有极其重要的历史文化价值、纪念意义的树木。

古树名木的分级及标准：古树为国家一级、二级、三级，国家一级古树树龄在 500 年以上，国家二级古树树龄在 300 ～ 499 年，国家三级古树树龄在 100 ～ 299 年。国家名木不受树龄限制，不分级。

林虑山范围内具有丰富的古树资源，多分布在庙宇、古村落和深山之中。据调查，目前，全景区尚存古树名木 2 100 余株，其中散生古树名木 96 棵，全市最大古树群 1 个，共 2 000 余株。

二、现有古树名木保护的法律、法规规定

（一）《中华人民共和国刑法》的规定

《中华人民共和国刑法》第三百四十四条："毁坏珍贵树木的，处三年以下有期徒刑，并处罚金；情节严重的，处三年以上七年以下有期徒刑，并处罚金。"

第三百四十五条："以牟利为目的，在林区非法收购林木，情节严重的，处三年以下有期徒刑，并处罚金；情节特别严重的，处三年以上七年以下有期徒刑，并处罚金。"

2000 年《最高人民法院关于审理破坏森林资源刑事案件具体应用法律若干问题的司法解释》有关规定如下。

第一条：刑法上的"珍贵树木"，包括由省级以上林业主管部门或者其他部门确定

的具有重大历史纪念意义、科学研究价值或者年代久远的古树名木。

第二条：毁坏珍贵树木致使珍贵树木死亡3棵以上的或者为首组织、策划、指挥毁坏珍贵树木的，属于毁坏珍贵树木"情节严重"行为。

第十五条：非法实施掘根等行为，牟取经济利益数额较大的，依照刑法第二百六十四条的规定，以盗窃罪定罪处罚。同时构成其他犯罪的，依照处罚较重的规定定罪处罚。

（二）《中华人民共和国森林法》的规定

《中华人民共和国森林法》第二十四条："对自然保护区以外的珍贵树木应当认真保护；未经省、自治区、直辖市林业主管部门批准，不得采集。采集包括移植。"

第四十条："毁坏珍贵树木的，依法追究刑事责任。"

（三）《中华人民共和国环境保护法》的规定

《中华人民共和国环境保护法》第十七条："各级人民政府对古树名木，应当采取措施加以保护，严禁破坏。"

（四）《河南省城市绿化条例》的规定

《河南省城市绿化条例》第二十五条："严禁砍伐或者迁移古树名木。因特殊需要迁移古树名木，必须经城市人民政府绿化行政主管部门审查同意，并报同级或者上级人民政府批准。"

（五）河南省人民政府的规定

河南省人民政府办公厅《关于加强古树名木保护工作的通知》（豫政办〔2006〕18号）规定："严禁倒卖、砍伐、损坏和擅自移栽古树名木。不准攀折树枝、剥损树皮和利用古树名木搭建各类设施，不准在树上钉钉、挂物和刻画。在树冠垂直投影以外五米范围内，不准挖土、堆物、建房，禁止倾倒有害废水、废渣和排放废气、燃烧可燃物等一切影响古树名木生长的行为。工程建设施工遇到古树名木时，要尽可能避让。确实无法避让需砍伐或移栽的，要依照《中华人民共和国森林法》第二十四条的规定，严格办理审批手续。砍伐或移栽国家一级古树名木的，要报省人民政府批准。""对古树名木管护责任单位或责任人因失职或不尽责导致所管护的古树名木损坏或死亡的，要追究其相关责任。对故意破坏古树名木的直接责任人要依法进行查处。情节严重构成犯罪的，由司法机关依法追究其刑事责任。"

第二节 林虑山古树名木图谱

1 紫薇 Lagerstroemia indica

科名：千屈菜科
位置：郭家庄村
经度：113.7428670
纬度：36.1130700
编号：41058100003

2 紫薇 Lagerstroemia indica

科名：千屈菜科
位置：郭家庄村
经度：113.7428230
纬度：36.1130730
编号：41058100004

3 皂角 *Gleditsia sinensis*

科名：豆科
位置：庙荒村
经度：113.7393820
纬度：36.0721570
编号：41058100005

4 柘树 *Cudrania tricuspidata*

科名：桑科
位置：庙荒村
经度：113.7389070
纬度：36.7389070
编号：41058100006

5 香椿 *Toona sinensis*

科名：楝科

位置：庙荒村

经度：113.7393150

纬度：36.0725220

编号：41058100007

6 侧柏 *Platycladus orientalis*

科名：柏科
位置：桃园村
经度：113.7144680
纬度：36.0542450
编号：41058100009

7 侧柏 *Platycladus orientalis*

科名：柏科
位置：桃园村
经度：113.7269810
纬度：36.0517970
编号：41058100010

 8 枳 *Poncirus trifoliata*

科名：芸香科
位置：黄华镇桃园村山坪村紫林山庄门口
编号：41058100008

 9 油松 *Pinus tabuliformis*

科名：松科
位置：大屯村四方垴
经度：113.6940200
纬度：36.0795870
编号：41058100011

中国沙棘 *Hippophae rhamnoides* subsp. *sinensis*

10

科名：胡颓子科
位置：大屯村四方堖
经度：113.6938700
纬度：36.0796130
编号：41058100012

中国沙棘 *Hippophae rhamnoides* subsp. *sinensis*

11

科名：胡颓子科
位置：大屯村四方堖
经度：113.6938700
纬度：36.0796130
编号：41058100013

12 馒头柳 *Salix matsudana* var. *matsudana* f. *umbraculifera*

科名：杨柳科
位置：桃园天平山

13 馒头柳 *Salix matsudana* var. *matsudana* f. *umbraculifera*

科名：杨柳科
位置：桃园天平山

 14 接骨木 *Sambucus williamsii*

科名： 马鞭草科
位置： 四方垴

 15 皂角 *Gleditsia sinensis*

科名： 豆科
位置： 黄华村
经度： 113.7214600
纬度： 36.0913140
编号： 41058100018

 16 皂角 *Gleditsia sinensis*

科名：豆科
位置：黄华村
经度：113.7213020
纬度：36.0913110
编号：41058100019

 17 银杏 *Ginkgo biloba*

科名：银杏科
位置：黄华村
经度：113.7217620
纬度：36.0928120
编号：41058100020

18 毛白杨 *Populus tomentosa*

科名：杨柳科
位置：黄华村（左）
编号：41058100021

19 毛白杨 *Populus tomentosa*

科名：杨柳科
位置：黄华村（右）
编号：41058100022

20 侧柏 *Platycladus orientalis*

科名：柏科
位置：黄华村
经度：113.7168580
纬度：36.0937200
编号：41058100023

21 侧柏 *Platycladus orientalis*

科名：柏科
位置：黄华村
经度：113.7169970
纬度：36.0937520
编号：41058100024

22 油松 *Pinus tabuliformis*

科名：松科
位置：黄华村
经度：113.7157230
纬度：36.0959020
编号：41058100025

银杏 *Ginkgo biloba*

科名： 银杏科
位置： 黄华镇桑园村

 国槐 *Sophora japonica*

科名： 豆科
位置： 太平村
经度： 113.7478140
纬度： 36.1752830
编号： 41058100175

25 栓皮栎 *Quercus variabilis*

科名: 壳斗科
位置: 太平村

26 黄连木 *Pistacia chinensis*

科名: 漆树科
位置: 姚村水河村
编号: 4105810018

27 黄连木 *Pistacia chinensis*

科名：漆树科
位置：姚村水河村东岸
编号：4105810019

 28 栾树 *Koelreuteria paniculata*

科名：无患子科
位置：姚村水河村东
编号：4105810020

㉙　白皮松 *Pinus bungeana*

科名：松科
位置：石板岩韩家洼村
经度：113.7151120
纬度：36.2090680
编号：41058100242

㉚　榆树 *Ulmus pumila*

科名：榆科
位置：石板岩韩家洼村
经度：113.7124050
纬度：36.2090680
编号：41058100243

31 油松 *Pinus tabuliformis*

科名： 松科
位置： 石板岩草庙村
经度： 113.7187100
纬度： 36.1512980
编号： 41058100244

 32 小叶朴 *Celtis bungeana*

科名： 榆科
位置： 石板岩村东湾村
经度： 113.7191080
纬度： 36.1484720
编号： 41058100245

 33 国槐 *Sophora japonica*

科名： 豆科
位置： 石板岩村王相岩景区
海拔： 750 m
树龄： 120 年

 34 皂角 *Gleditsia sinensis*

科名： 豆科
位置： 石板岩村王相岩景区
海拔： 750 m
树龄： 200 年

35 槲栎 *Quercu saliena*

科名： 壳斗科
位置： 林州市石板岩村王相岩景区
海拔： 750 m
树龄： 300 年

36 小叶杨 *Populus simonii*

科名： 杨柳科
位置： 石板岩村王相岩景区门口
海拔： 700 m
树龄： 100 年

37 小叶杨 *Populus simonii*

科名： 杨柳科
位置： 林州市石板岩村王相岩景区门口
海拔： 700m
树龄： 100 年

38 南方红豆杉 *Taxus chinensis var. mairei*

科名： 红豆杉科
位置： 桃花洞村里沟南坡
经度： 113.653735
纬度： 36.1650930
编号： 41058100246

39 南方红豆杉 *Taxusc hinensis var. mairei*

科名：红豆杉科
位置：石板岩桃花洞村里沟
经度：113.6527790
纬度：36.170757041
编号：41058100247

40 槲栎 *Quercus aliena*

科名：壳斗科
位置：石板岩朝阳村
经度：113.7072830
纬度：36.1456550
编号：41058100248

 41 大果榉 *Zelkova sinica*

科名： 壳斗科
位置： 石板岩朝阳村
经度： 113.7072830
纬度： 36.1456550
编号： 41058100249

 42 槲栎 *Quercus aliena*

科名： 壳斗科
位置： 石板岩朝阳村
经度： 113.7072830
纬度： 36.1456470
编号： 41058100250

43 山楂 *Crataegus pinnatifida*

科名：蔷薇科
位置：石板岩朝阳村
经度：113.7142670
纬度：36.1641730
编号：41058100251

44 侧柏 *Platycladus orientalis*

科名：柏科
位置：石板岩贤麻沟村
经度：113.6850820
纬度：36.1082560
编号：41058100252

45 梨 *Pyrus spp*

科名： 蔷薇科
位置： 石板岩贤麻沟村
经度： 113.6967950
纬度： 36.1133880
编号： 41058100253

46 杏 *Armeniaca vulgaris*

科名： 蔷薇科
位置： 石板岩贤麻沟村
经度： 113.6974020
纬度： 36.1137780
编号： 41058100254

47 山楂 *Crataegus pinnatifida*

科名：蔷薇科
位置：石板岩贤麻沟村双铧岭
经度：113.7023570
纬度：36.1131800
编号：41058100255

48 梨 *Pyrus bretschneideri*

科名：蔷薇科
位置：石板岩贤麻沟村赵家庄自然村
经度：113.7094150
纬度：36.1101920
编号：41058100256

49 柿树 *Diospyros kaki*

科名：柿科
位置：石板岩贤麻沟村棚树窑
经度：113.6903550
纬度：36.1109820
编号：41058100257

50 国槐 *Sophora japonica*

科名：豆科
位置：石板岩贤麻沟村
经度：113.6781050
纬度：36.0943300
编号：41058100259

51 国槐 *Sophora japonica*

科名： 豆科
位置： 石板岩贤麻沟村大牛道自然村
经度： 113.6779030
纬度： 36.0939580
编号： 41058100260

52 油松 *Pinus tabuliformis*

科名： 松科
位置： 石板岩贤麻沟村大韦池洼
经度： 113.6854580
纬度： 36.1060580
编号： 41058100261

 53 大果榉 *Zelkova sinica*

科名：榆科
位置：贤麻沟村新梯头北边
经度：113.7203500
纬度：36.1194030
编号：41058100263

 54 栓皮栎 *Quercus variabilis*

科名：榆科
位置：贤麻沟村新梯头
经度：113.7204050
纬度：36.1189680
编号：41058100264

55 槲栎 *Quercus aliena*

科名： 壳斗科
位置： 石板岩贤麻沟村张家老坟
经度： 113.6862680
纬度： 36.1019830
编号： 41058100265

56 毛梾 *Cornus walteri*

科名： 山茱萸科
位置： 石板岩王相岩村
经度： 113.7043860
纬度： 36.1439340
编号： 41058100266

 57 君迁子 *Diospyros lotus*

科名：柿科
位置：王相岩村
经度：113.7043860
纬度：36.1439340
编号：41058100268

 58 国槐 *Sophora japonica*

科名：豆科
位置：石板岩郭家庄村龙床沟
经度：113.7056750
纬度：36.1930500
编号：41058100269

59 大果榉 *Zelkova sinica*

科名：榆科
位置：石板岩郭家庄村土江滩
经度：113.6985800
纬度：36.1710430
编号：41058100270

60 栓皮栎 *Quercus variabilis*

科名：壳斗科
位置：石板岩郭家庄村龙床沟
经度：113.7020620
纬度：36.1934980
编号：41058100271

61 栓皮栎 *Quercus variabilis*

科名： 壳斗科
位置： 石板岩郭家庄村龙床沟
经度： 113.7020650
纬度： 36.1935670
编号： 41058100272

62 栓皮栎 *Quercus variabilis*

科名： 壳斗科
位置： 石板岩西乡坪村圪垴
经度： 113.7346330
纬度： 36.2357730
编号： 41058100273

63 栓皮栎 *Quercus variabilis*

科名：壳斗科
位置：石板岩西乡坪村圪垴
经度：113.7344400
纬度：36.2352450
编号：41058100274

64 皂荚 *Gleditsia sinensis*

科名：豆科
位置：石板岩西乡坪村圪垴
经度：113.7347280
纬度：36.2356460
编号：41058100275

 65 国槐 *Sophora japonica*

科名：豆科
位置：石板岩车佛沟村
经度：113.7005400
纬度：36.2189080
编号：41058100277

 66 皂荚 *Gleditsia sinensis*

科名：豆科
位置：石板岩车佛沟村南坡
经度：113.7021080
纬度：36.2172330
编号：41058100278

67 国槐 *Gleditsia sinensis*

科名：豆科
位置：石板岩车佛沟村学校
经度：113.7030370
纬度：36.2188030
编号：41058100279

68 侧柏 *Platycladus orientalis*

科名：柏科
位置：石板岩梨元坪村下梯头
经度：113.7175850
纬度：36.2010070
编号：41058100280

(69)　元宝槭 *Acer trumcalum*

科名： 槭树科
位置： 石板岩梨元坪村
经度： 113.7136210
纬度： 36.2038430
编号： 41058100281

(70)　大果榉 *Zelkova sinica*

科名： 榆科
位置： 石板岩梨元坪村
经度： 113.6945050
纬度： 36.1944020
编号： 41058100282

(71) 油松 Pinus tabuliformis

科名：松科
位置：石板岩梨元坪村老松坪
经度：113.7122050
纬度：36.2071120
编号：41058100283

(72) 桑树 Platycladus orientalis

科名：桑科
位置：石板岩梨老松坪
经度：113.7119740
纬度：36.2069750
编号：41058100284

73 旱柳 *Salix matsudana*

科名： 杨柳科
位置： 石板岩梨元坪村
经度： 113.7046580
纬度： 36.1989480
编号： 41058100285

74 大果榉 *Zelkova sinica Schneid*

科名： 榆科
位置： 石板岩梨元坪村
经度： 113.7046580
纬度： 36.1989480
编号： 41058100286

75 大果榉 *Zelkova sinica*

科名： 榆科
位置： 石板岩梨元坪村下梨元
经度： 113.7046580
纬度： 36.1989480
编号： 41058100286

76 卫矛 *Euonymus alatus*

科名： 卫矛科
位置： 石板岩梨元坪村
经度： 113.7046580
纬度： 36.1989480
编号： 41058100287

77 栓皮栎 *Quercus variabilis*

科名： 壳斗科
位置： 石板岩梨元坪村
经度： 113.7046580
纬度： 36.1989480
编号： 41058100288

78 皂荚 *Gleditsia sinensis*

科名： 豆科
位置： 石板岩梨元坪村上坪村
经度： 113.7031230
纬度： 36.1770280
编号： 41058100289

79 栓皮栎 Quercus variabilis

科名：壳斗科
位置：石板岩梨元坪村菜家岩
编号：41058100290

80 国槐 Sophora japonica

科名：豆科
位置：石板岩三亩地村
经度：113.7091620
纬度：36.1213980
编号：41058100291

 81 榆树 *Ulmus pumila*

科名： 榆科
位置： 石板岩三亩地村北
经度： 113.7094430
纬度： 36.1217400
编号： 41058100292

 82 油松 *Pinus tabuliformis*

科名： 松科
位置： 石板岩三亩地村
经度： 113.7183250
纬度： 36.1253380
编号： 41058100293

83 黄连木 *Pistacia chinensis*

科名： 漆树科
位置： 石板岩高家台村大井沟
经度： 113.6781720
纬度： 36.1036170
编号： 41058100294

84 侧柏 *Platycladus orientalis*

科名： 柏科
位置： 石板岩高家台村大井沟
经度： 113.6777840
纬度： 36.1032790
编号： 41058100295

85 黄连木 *Pistacia chinensis*

科名：漆树科
位置：石板岩高家台村大井沟
经度：113.6781720
纬度：36.1036170
编号：41058100296

86 侧柏 *Platycladus orientalis*

科名：柏科
位置：石板岩东脑坪村南伏岩
经度：113.7079520
纬度：36.1255150
编号：41058100297

87 油松 *Pinus tabuliformis*

科名： 松科
位置： 石板岩东脑坪村软枣洼
经度： 113.6934180
纬度： 36.1219780
编号： 41058100298

 88 侧柏 *Platycladus orientalis*

科名： 柏科
位置： 石板岩东脑坪村北塘
经度： 113.6774650
纬度： 36.1169720
编号： 41058100299

89 旱柳 *Salix matsudana*

科名：杨柳科
位置：石板岩东脑坪村手扒岩
经度：113.7276550
纬度：36.1760770
编号：41058100301

90 旱柳 *Salix matsudana*

科名：杨柳科
位置：石板岩东脑村手扒岩
经度：113.7292470
纬度：36.1755900
编号：41058100302

91 旱柳 *Salix matsudana*

科名：杨柳科
位置：石板岩东脑村手扒岩
经度：113.7293330
纬度：36.1755630
编号：41058100303

92 山楂 *Crataegus pinnatifida*

科名：蔷薇科
位置：石板岩马安脑村张家庄
经度：113.7327600
纬度：36.1836000
编号：41058100304

93 梨 *Pyrus bretschneideri*

科名： 蔷薇科
位置： 石板岩马安脑村
经度： 113.7410780
纬度： 36.1799030
编号： 41058100305

94 旱柳 *Salix matsudana*

科名： 杨柳科
位置： 石板岩马安脑村小沙沟
经度： 113.7505270
纬度： 36.1973370
编号： 41058100306

95 旱柳 *Salix matsudana*

科名：杨柳科
位置：石板岩马安脑村榆树底
经度：113.7367000
纬度：36.1920230
编号：41058100307

96 旱柳 *Salix matsudana*

科名：杨柳科
位置：石板岩马安脑村
经度：113.7367300
纬度：36.1922370
编号：41058100308

97 旱柳 *Salix matsudana*

科名： 杨柳科
位置： 石板岩马安脑村寨门头
经度： 113.7366130
纬度： 36.1915780
编号： 41058100309

98 旱柳 *Salix matsudana*

科名： 杨柳科
位置： 石板岩马安脑村寨门头
经度： 113.7366100
纬度： 36.1908000
编号： 41058100310

99 板栗古树群

科名： 壳斗科

树龄： 100 ～ 800 年

株数： 约 3 500 株

位置： 分布于姚村镇趄石板往南，沿红旗渠一干渠到风景区南边界，以黄花镇桑园村、纸坊村、魏家庄村最为集中。

第五章 林虑山野生植物资源保护与利用

　　林虑山位于东经 113° 37′～ 114° 04′，北纬 36° 02′～ 36° 14′，太行山南段东侧的林州市境内，地处河南、河北、山西三省交界地带，西依山西省，北临河北省，南至天平山。林虑山奇峰林立、山势嵯峨，崖谷密布、瀑布高悬，总的地势西高东低，共有大小山峰 7 658 座，大型幽谷 7 845 条，最高处海拔 1 632 m，是国家重点风景名胜区，景区总面积 133.02 km²，核心景区面积 77.83 km²。1990 年林虑山被河南省人民政府公布为省级风景名胜区，2004 年被国务院批准为第五批国家级风景名胜区。据统计，景区共有维管植物 1 184 种 (不含农作物)，其中珍稀濒危重点保护植物 40 种，古树名木有 96 株及一个古树群。

一、林虑山植物物种旅游资源分析

（一）一般植物物种旅游资源

　　自然生长的植物种类较多, 这些植物种类多是一些常绿乔木、落叶乔木、草本灌木丛、草本植物、藤本类植物等，这些植物群落自身具备独特的形状、色彩，并且植株的树干形态丰富多样，具有较高的旅游观赏价值。在对这类植物进行分类的过程中，可以发现乔木植物在区内主要作为道路观赏树、道路遮阴树、观果树、桩景树等，该地区乔木植物共有 94 种，其中主要有杨、柳、榆、槐、椿、栓皮栎等，这些树木在不同季节均具有独特的观景效果，同时这些树木还具备观花、观果、观叶等价值。风景名胜区内所具有的灌木类植物主要是指树高在 3 m 以下的木本类植物，当前在风景名胜区内共有 100多种灌木植物，其中主要有黄栌、绣线菊、中国沙棘、太平花、大花溲疏等，这些植物在景区所表现的旅游价值主要体现在观花和观果上。景区内的藤本类植物主要是指根茎缠绕在其他植株茎杆上方的木本植物，该地区藤本植物资源较为丰富，其中主要有葡萄科、猕猴桃科、五味子科等，藤本植物在景区内部的旅游价值主要体现在观叶和观果上，同时部分藤本类植株还具备药用价值。景区中所具备的藤本植物主要有野葡萄、蛇葡萄、五味子、南蛇藤等。

（二）珍稀濒危及特有植物旅游资源

　　珍稀濒危植物是指所有由于物种自身的原因或受到人类活动或自然灾害的影响而有灭绝危险的野生植物。据统计，景区共分布 61 种国家级、省级重点保护植物。

（三）古树名木旅游资源

　　古树是中华民族悠久历史与文化的象征，是自然界和前人留下的珍贵遗产，也是一种不可再生的自然遗产和文化遗产。不仅起着改善生态环境的作用，更是重要的旅游资源，具有极高的科学、历史、人文和景观价值。景区内共有古树名木 96 棵，有国槐、侧柏、银杏、皂荚、紫薇等树种，分布于林州的黄华、石板岩、姚村镇。一个古树群（古板栗）分布在姚村镇、黄华镇，约 2 000 株。

（四）植物群落旅游资源

如林州市黄华镇桑园村西侧的中华古板栗园，一期规划范围内有 2 000 余棵板栗树，其中树龄在 600 年以上的大型板栗树有 1 300 余棵，这种大规模的古板栗树群在国内都属少见，它们是我们的绿色文物、活的化石，是自然界和前辈留给我们的无价之宝。

（五）资源植物资源

资源植物是指一切对人类有用的植物资源的总称，是人类赖以生存的"衣、食、住、行"的基础。据统计，林虑山风景名胜区的维管植物有 1 284 种，其中近一半的种为已知用途的资源植物。基于植物资源的用途，可以将林虑山风景名胜区资源植物划分为淀粉、芳香、药用、油料等 15 个类型。以林虑山风景名胜区分布的碎米桠 Isodon rubescens（又称冬凌草）为例。冬凌草自古以来为太行山区民间常年的茶饮，因其清热解毒、清咽利喉、消肿止痛的功效盛行于当地，并被誉为"神奇草"。另外，连翘也是林虑山风景名胜区分布较多、利用较广的资源植物。林虑山风景名胜区具有如此丰富多样的植物资源，其开发利用潜力较大。每一种资源科学合理的开发和利用，都将可能形成新的经济增长点或新型的产业。

（六）太行山特有植物

林虑山奇峰林立、山势嵯峨，属暖温带半湿润大陆性季风气候，但受当地特殊的地形地貌影响，构成了独特的山区气候特征，四季分明，光照充足，春暖少雨，夏热多雨，秋凉气爽，冬寒带雪。因其独特的地势和气候，自然植被因垂直温差而异，分布着一些特有植物，如太行花、缘毛太行花、太行菊等，其中太行菊高居百丈悬崖绝壁之上，形成了独特的风景。

二、林虑山植物资源保护利用的意义

植物资源是人类日常生活的必需品，同时为食品、造纸等工业行业提供了原料。野生植物不仅是一种重要的自然资源，而且在维护生物多样性、保护生态环境等方面发挥着重要作用。风景名胜区是以旅游观光为主的区域，因该区域面积大，海拔高，自然地理条件复杂，为区域内植物的生长提供了优越的自然条件，植物资源丰富。

加强野生植物保护利用能够有效维持生物多样性。

开展野生植物保护利用工作，可以为植物的生长提供更好的生存环境，并间接为野生动物提供良好的环境，有助于保护生物多样性。

加强野生植物保护利用能够维持生态平衡。野生植物是生态系统中氧气的生产者，近年来，由于旅游的高速发展和野生植物利用范围的不断扩大，导致野生植物面临过度利用和人为破坏现象不断增加，植物资源的保护面临着过度利用和生存环境恶化的双重压力，因此加大植物资源保护力度势在必行。

加强野生植物保护利用有利于经济的发展。野生植物不仅有生态价值、绿化观赏价值，还具有食用、药用价值，并可作为工农业生产原料，具有巨大的经济价值。

加强野生植物保护利用有利于植物资源的可持续发展。植物资源既具有再生性，又具有可解体性。人口的快速增长与经济发展的压力使植物资源的有限性与社会需求的相对无限性之间的矛盾日益突出，导致植物资源供求失调。

三、植物资源保护利用存在的问题

经济建设与生态保护的矛盾日益突出，造成野生植物资源数量逐年减少，有的甚至面临濒危，情况不容乐观，所以如何开展野生植物资源保护利用成了一个重大而紧迫的任务。

（1）人为活动导致重点植物濒危。当前，植物资源受到的最大威胁是人类活动，一是目前对植物资源一般以直接采伐、采挖为主要开发利用方式，进行掠夺性利用或过度采收，直接造成该物种的数量锐减或灭绝。二是旅游开发带来的大量游客进入景区，对生态环境、植物资源的生存环境造成影响。三是部分古树名木没有任何保护形式。从古至今，不少地方的群众把古树当作神灵来祭拜，寄托人们的美好愿望，但是，在漫长的历史长河中，由于种种原因，大量珍贵的古树名木被无情地砍伐破坏或者没有得到及时救治而逐年死去，给自然环境造成了巨大的破坏。即使在各地实施古树名木保护法律法规，如火如荼开展古树名木保护工作的现在，有些古树名木因没有被发现和登记，仍然生存在恶劣的环境中，没有任何的保护措施，甚至受到了毁坏。

（2）植物自身生存机能衰退，自然演化脆弱，造成资源濒危。在自然进化过程中，一是诸多原因使重点植物的自身遗传功能衰退，其生存力的大幅减退，导致种群数量难以恢复。二是自然历史的原因，使本来繁茂的物种遭遇灭顶之灾，加上自然灾害的影响，导致濒危。

（3）植物开发利用工作开展得不够科学和规范。一是景区内植物资源种类繁多，但没有经过专业的调查统计，没有掌握区域内的植物资源本底数据。二是在长期的研究和开发利用下，部分植物资源已经得到开发利用，但也有部分植物尚未得到开发利用。三是植物资源开发利用失衡。没有把握好植物的开发量和自然更新量，没有达到野生植物资源可持续地开发利用。

（4）体制不完善和专业人才缺乏。在发展景区的旅游和开发的同时，要加快专业人才的培养，比如大力培养专门从事野生植物资源的统计、开发、利用、保护等的专业性人才，使景区植物资源的开发和利用更加专业化和产业化。

四、对策和建议

（一）加强植物资源保护

（1）强化法治建设，加强植物资源保护力度。保护植物资源离不开健全的法律法规。目前风景名胜区因景色秀丽，吸引着大批游客前来游玩，随着游客的增加，景区自然环境的破坏加剧，植物资源存在着安全隐患。景区要不断加强植物资源的管理，加强法制法规建设，明确保护对象范围和健全管理机构，加大处理力度，通过制度约束游客和景区区域内的人员，更好地保护景区植物资源的完整性和生物多样性。

（2）加强珍稀植物资源保护，维护生物多样性。

保护珍稀植物种质资源首先要保护好其赖以生存和发展的自然环境。一个地区植物种类的丰富度与本区生态环境的复杂性有着密切的关系。景区山体高大、地形复杂多变，构成了适宜植物分布、生长发育的各种小生境。生境的破坏会使植物与生长环境之间长期以来相互适应、共同发展的协调关系破裂，植物的生存将会受到威胁。因而，保护珍稀濒危植物，首要的任务就是保护好其赖以生存、繁衍的生态环境。同时，景区应与有关科研单位合作，深入研究物种濒危原因及拯救方案，搞好珍稀濒危植物和珍贵树种的就地保护，并结合本区环境条件进行珍稀濒危植物的迁地保护工作，为物种最终重返大自然做出贡献。

（3）加强管理，优化植物资源结构。一是进行合理的人工抚育和优良树种种植工作，有计划地增加和发展珍稀濒危植物、重点保护植物、太行山特有植物以及速生用材树种和经济树种，实现树种、林种多样化。二是对景区内古树名木进行保护和管理。对发现的未登记的古树进行挂牌登记，并定期管护。三是注意林下资源植物的保护、抚育、改造、引种栽培，特别是药用植物资源。通过管理，充分利用空间，增加群落的层次，优化生态系统结构的同时，提高系统生产力。

（4）加强野生植物资源保护宣传力度，增强游客的保护意识。野生植物多分布于偏远的山区，不少游客和当地居民对珍贵野生植物不熟悉或根本不了解，缺乏较强的保护意识。因此，有关部门要加强对公民的教育，村委会要经常对居民科普有关野生植物知识，提高保护野生植物的意识和自觉性，形成人人关爱野生植物的良好风气。

（5）防止物种入侵。外来物种入侵很大程度上会对本土物种造成极大破坏，甚至使本土物种濒危甚至灭绝，对于整个生态系统的平衡都可能产生不小威胁，生物防治清除入侵物种，综合运用，形成规范化的治理体系，降低外来物种对于本土植物资源的破坏性。

（二）合理开展植物资源的开发利用工作

在自然资源得到良好保护的基础上，立足本区的植物资源优势，正确处理好保护与利用的关系，在科学发展和开发本区优势资源，既能使资源得到有效的保护，也可以使植物资源发挥出应有的价值，用经济收益来促进景区的建设和其他工作的开展，从而形成良性循环，保证景区得到长期稳定健康的发展。

（1）统一规划景区植物旅游资源。理顺管理体制，解决景区旅游资源的经营权、归属权和利益分配问题。贯彻落实生态保护和可持续发展思想，统一思想，统一规划。

（2）对珍稀濒危植物进行就地保护和迁地保存。对珍稀植物分布比较集中的地区可以进行围栏保护，对于一些生境受到严重干扰的珍稀植物可进行迁地保存。

（3）着力开发景区特色植物旅游资源。在开发旅游资源的过程中，要对景区所特有的植物资源进行开发，打造特色植物园；依托特色植物资源，面向游客，打造生态科普游。

（4）开发景区垂直分布带植物资源。结合景区独特的气候和不同海拔下不同植物的形成，结合该地区植被垂直带谱中的植被群落，营造景区中独特的垂直分布带植物资源，形成不同海拔下各自独特的自然森林景观。进而结合景区的盘山公路、精品景点等基础设施建设，对该地区植被垂直带景观进行旅游开发，创造出一系列不同的观景平台。

（5）开展植物资源的开发项目。一是要与科研单位、高校结合，定期开展景区野生植物和珍稀濒危植物调查与研究工作，并建立野生植物信息资源库和监测网络，研究植物多样性并实现动态监测。二是对当地特有的野生植物种质资源进行收集和保存，并进行繁殖技术的研究和开发利用，为建设具有地方特色的景观提供野生植物材料。三是对资源植物进行精深加工和综合利用。按照市场需要形成名优产品，从而更好地促进地区的经济发展，并促进产品的国际竞争力。在开发和利用过程中，要注重物尽其用，综合开发，使得野生植物能够得到最充分的利用。